財報水滸傳

談財報詐騙、公司治理與金融泡沫

陳伯松 觀點

會計語言並不難懂

杜榮瑞

我在大學教授會計學多年，看到同學辛辛苦苦地作了許多會計學習題之後，對會計仍是一知半解。連會計系的同學都覺得會計學很難懂，更遑論其他人。

我深深覺得現今的會計教學都是採正面教學方式，也就是：「應該這樣、應該那樣……。」事實上，講授者是否也可在課堂上教導學生：「如果不照規矩做，會出現這種花樣、那種花招……。」本書正好回應了我心中的問題，既淺顯易懂，又提供了精采案例，讓會計不再令人又敬又畏。

運用會計學知識所產生的財報訊息，對以金融市場為主的世界和公司治理的良窳有深刻影響。本書不限於會計、財報，也談了許多證券金融和公司治理的故事，都能啟迪思維，發人深省。

（本文作者為會計研究發展基金會董事長）

剖析為害資本市場
最深刻的問題

呂東英

　　把看似無趣的會計問題，藉舞弊案的發生，抽絲剝繭，探索成因，所引經典竟與《水滸傳》、廖添丁、棒球投手有關，妙哉！作者藉題發揮，在生花妙筆下，闡理深入淺出，讓會計門外漢，也樂於讀畢全書。

　　在〈企業高層舞弊，能否防範？〉、〈現金流程，凡走過必留痕跡〉兩篇文章中，闡述了為害資本市場最深刻的問題，值得讀者細讀：

　　「財務報告是會計流程的最後結果（產出）。另一方面，交易事項或事實必須分錄，有些灰色地帶（例如公司的房產、飛機等被老闆占用了）沒作分錄，自然在財報上不著痕跡；還有一些事實上的侵占行為（例如公司的現金、有價證券，及其他資產等，已被老闆搬走了），則又被會計分錄美化了，轉換到另一個看不出名堂的會計科目上去，這在財報上也不容易看得出來。不過，凡走過必留下足跡，難易或有分別，犯罪留下證據則屬必然。」

「著名的案例是博達案，後者如中信金案，都是在海外的銀行裡進行，也都吃定台灣當前處境困難，對於海外資金資訊的查核效率和確實性很容易出問題。企業交易有它的形式面和實質面。形式面出現各種法律契約，只要具有法律人格即可簽約，一元紙上公司也號稱具有法律人格，況且，契約關係形成三角關係，其中勢必暗藏玄機。至於企業交易的經濟實質面，絕大多數會牽涉到現金的流動，每筆交易均有其現金走向，和現金變動的最終結果，循著現金流程的腳印，乃至找到現金流動的最終歸宿，就可還原交易的經濟實質真相。而當初交易的建立和事後的查證，現場都在銀行裡。」

作者歸結：有經驗的調查、鑑識人員都知道，在犯罪現場留下最多的證據。提供了金融監理與經濟犯罪調查機關破案的關鍵所在。

在談及《莊子‧人間世》與公司獨立董事一文中，論述「如何寄望獨立董監去防止、阻止壞事發生？大部分獨立董監候選人事前也會打聽，潔身自愛的人怕壞老闆，而不是壞老闆怕潔身自愛的獨立董事。」

最後，作者作出結論：獨立董事制度是健全公司治理的一環……，在證券市場裡，有許多機制，無論屬自律或他律，各環節緊密相扣，必須全面健全發展，無法單單寄望於其中某個環節發揮神奇效果。

細嚼文章，品味無窮，感其憂國憂民，心有戚戚，故樂為之序。

（本文作者為證券櫃檯買賣中心董事長）

現代人必備的財務知識

許永欽

　　偵辦經濟犯罪多年，歸納企業舞弊犯罪的類型，誠如會計研究發展基金會祕書長陳伯松在新書《財報水滸傳》所說的，企業舞弊案件主要是以公司資產掏空、財報不實、操縱股價及內線交易為主。而公司資產掏空、操縱股價及內線交易等不法行為，最後又均以財報不實做為掩飾，無辜的大眾投資者就是以財報做為投資理財的判斷標準。

　　每當掀開財務報告的神祕面紗，原被遮掩的內部故事一一現形，財務報表上的阿拉伯數字有如音符般彈出不平之音，訴說著企業經營者的惡劣行徑，如何操縱、美化、粉飾財務報表，藉此欺騙投資人的心血。當美麗的謊言被揭穿後，企業經營者舞弊的醜陋手法一一浮現，博達、訊碟、力霸等企業舞弊案即為明證，保護投資人利益、維護社會公益成為芸芸眾生的心聲。

　　企業舞弊案的原因，一者為貪，二者為漏。企業經營者追逐利，利之所在，弊之所在。經營者不斷追求事業版圖規模與

利潤，忘卻內心最深層的道德規範，也忘卻最初股東誠摯的付託。漏者，企業本身各種環節內控的漏、外部會計與審計監督的漏、主管機關行政監督的漏、法令上不合時宜的漏、司法機關查緝上的漏，都給了貪婪的經營者有機可乘，貪與漏的結合造成了無法彌補的損害。

本書精鍊自作者陳伯松長年累積的會計實務經驗，直陳企業舞弊原因之所在，借古諷今，幽默詼諧。作者以財務與會計、審計、財務弊案、證券金融、時事與人物為綱，鋪陳出現代人必備的財務知識，筆諫企業經營者能找回老祖宗留給我們的普世價值「誠信」，並以之做為公司治理的基本準則，因為制度再好也無法革除內心的惡。制度只能防弊，不能興利，只有重新喚回經營者真誠的心，他們才能真正無私付出，謀取大眾福祉，善盡公司社會責任。

當然書中也提出了制度上的各種防制對策，以防堵弊端再度發生，人治與法治雙管其下，公司與股東、投資人與社會均互蒙其利。作者的用心令人敬佩，他的博學多聞也令人讚嘆，在此為之作序，與有榮焉。本書值得你泡壺好茶、煮杯咖啡，在濃郁的茶香或咖啡香中，慢慢品味這本好書。

（本文作者為新竹地方法院檢察署主任檢察官）

撥開財報的迷霧

賴英照

「陽光是最佳的防腐劑，燈光是最有效率的警察。」
（Sunlight is said to be the best of disinfectants, electric light the
most efficient policeman）這是美國聯邦最高法院大法官白蘭代
斯（Louis D. Brandeis, 1856-1941）在1914年留下的名言，意
思是說，把市場上重要的資訊，誠實的攤在陽光和燈光下，許
多違法亂紀的事情就無所遁形，所發揮的嚇阻作用，可以讓證
券市場免於腐化。

白蘭代斯是美國總統羅斯福（Franklin D. Roosevelt, 1882-
1945）倚重的策士。1930年代，羅斯福根據白蘭代斯倡議的
「公開原則」，制定了影響深遠的證券法律。我們的證交法，規
定上市、上櫃公司，每三個月必須公布一次財務報告，也是基
於同樣的原則。

公開原則要能發揮防腐的作用，必須有人看財務報告，而
且真的看懂。但看懂財報談何容易？許多人看到光鮮亮麗的表
面，卻看不透隱藏在數字叢林背後的坑坑洞洞。

　　本書談的重點就是財務報告的相關問題。作者陳伯松以多年的實務觀察經驗，讓你看到企業如何藉「資本經營」玩花樣；如何在「長期投資」、「固定資產」、「應收帳款」和「存貨」的科目上大動手腳；如何在公司虧大錢，或更換CEO，抑或合併的時候，讓財報「洗大澡」（take a big bath），藉機沖掉不見天日的「污垢」，使秀出來的財報脫胎換骨，耳目一新，儘管公司的財務狀況一點都沒有改變。

　　面對這麼嚴肅的問題，本書卻能避開硬邦邦的專業術語，靈巧的運用各種故事，把事情說得一清二楚。作者似乎偏好《莊子》，他用〈逍遙遊〉裡頭，宋人買賣「不龜手之藥」（防止皮膚因受凍而裂開的藥）的故事，說明「價值」觀念的相對性（見〈吳王識貨，會計價值顯現〉）；用〈齊物論〉中，猴子對「朝三暮四」和「朝四暮三」的不同反應，闡述現金流量和折現值的關係（見〈猴子吃香蕉，有資產減損概念〉）；用〈應帝王〉所記載的巫師季咸和壺子、列子的對話，點出「深淵水流有九象，現代會計、財務報告也有九象」的道理，讓你知道財報的「五花八門，千變萬化」（見〈財報迷霧，會計師洩天機〉）。

　　此外，作者更以《水滸傳》中108條好漢的故事，比喻多變如萬花筒的財報弊案（見〈財報弊案像煞水滸傳〉）。不管你同不同意作者的觀點，你會發現這是一本生動有趣，讀了讓你感觸良深的書。

　　作者有豐富的實務經驗，在財政部賦稅署、國稅局、證期會服務多年，做過會計師，也擔任過台灣期貨交易所的總經

理，目前是會計研究發展基金會的祕書長。他最關心的，還是財報品質的提升。事實上，本書的終極關懷，就是返璞歸真，信實無欺。作者特別強調，凡走過必留下痕跡。不管詐騙的手段如何靈巧多變，最後終有圖窮匕見，水落石出的一天。作者再三呼籲企業要重視倫理，切莫心存僥倖，希望能從根本徹底消除害人害己的財務弊案（見〈CEO，也是企業道德長〉、〈財會人員的倫理守則〉、〈企業重視道德，掀起浪潮〉）。

　　如果本書的出版，能使更多投資人有穿透財報迷霧的能力，讓那些蠢蠢欲動的人知難而退，這種嚇阻作用，對於企業倫理的提升，會是一股可觀的助力。

（本文作者為司法院大法官）

金融世界，明日帝國

21世紀由資本主義主沉浮，資本、金融市場是資本主義社會的核心平台，而且正在進行全球化整合，這讓明日世界可能被金融帝國所主宰。

在金融世界，財務揭露，猶如人體的神經系統傳輸訊息；另一方面，全球致力於使用統一商業語言，在美國的財務會計準則委員會（FASB）與歐洲的國際會計準則委員會（IASB）號召下，已形成財務會計準則國際合軌的趨勢，「語同文，車同軌」指日可待。

財報是公司的產物，歷史上自有公司組織以來，就有代理人問題、財報詐騙和金融泡沫三項問題，形成困擾，也是挑戰。資本、金融市場愈發達，這三項問題愈明顯，更滋生了所得、財富分配惡化的問題。以蘋果電腦執行長賈伯斯（Steve Jobs）為例，他在2006年的年薪為6.7億美元，折合新台幣為222億元，約等於美國大賣場的收銀機小姐（大部分是有色人種，高中畢業）工作兩萬多年的薪水，或者等於63,000多名台灣的大學畢業生踏入職場第一年的薪水總和。

台灣（至目前為止）尚未出現賈伯斯特例，這是好消息；壞消息則是台灣正朝那個方向加速邁進，而且不想煞車。資本主義崇尚各盡所能，各取所需，憑個人貢獻的價值獲取報酬，對於有人能領受天價般的薪酬，原應予以祝福、自勉「有為者亦若是」。問題在於，所謂各盡所能，呈現的價值貢獻，常因代理人問題和財報詐騙而失真，不過，在這方面尚有法律和司法程序可以制衡，不致失控；所謂各取所需，則常藉由政府（公權力）的手扭曲制度來巧取（例如租稅、金融和財報揭露），這種現象才真棘手。

所得、財富分配懸殊，社會不容易安定，成因若來自不公不義，等於在不安定油庫上點了火種。政府愈來愈無力（也無心）於執行公義乃各國普遍現象，要防止財富、所得分配惡化，必須讓社會公義發聲，這要靠人民普遍地覺醒。2007年5月，倫敦《金融時報》（*Financial Times*）專訪紐約銀行執行長雷尼（Tom Renyi），談到美國有無改善貧富懸殊的方法？雷尼提出的解方也是先普遍喚醒大家承認、面對這個問題，然後就有法可解。

現代版的《水滸傳》

資本、金融市場中，內含財務與會計、審計、財報透明性和公司治理等各項知識，外顯的皮相包括市場（交易所）本身，時事、人物、案例則令人目不暇給。無論內涵抑或外顯，皆有思維可以啟發，也有觀念足以重視。本書分成六篇：財務與會計、審計、財報弊案、證券金融、公司治理和時事人物等，貫穿表裡內外，這些故事讀來有如現代版的《水滸傳》。

　　梁山泊裡的各路英雄好漢，都逃離政府公權力的規範，崇尚個人主義，遵循叢林法則，他（她）們雖心懸呼群聚義為念，每日卻總離不開吃肉喝酒，分金分銀。而現代版的叢林法則就是「各盡所能，各取所需」，呼群聚義口號是「創造公司最大價值」。這些英雄好漢的一身本事，在現代CEO、CFO身上可以看到的就是財會智慧。

　　本書結集自過去三年來在《經濟日報》發表的專欄文章，剛開始乃無心插柳，原來是要在令人敬畏三分、退避千里的會計、審計上加點親和力，如果能讓大家不再因怕它而形成隔閡，作者心意已足。經副社長顏光佑、前總編輯游美月、記者宋宗信、組長徐碧華等人的指教和鼓勵，文章一篇篇刊出，竟走出了一個理路，心裡那股聲音也愈來愈清晰，知道想發出什麼訊息。凡此均始料未及，本書得以問世，特此誌謝。

　　司法院大法官賴英照、證券櫃檯買賣中心董事長呂東英、會計研究發展基金會董事長杜榮瑞和新竹地院檢察署主任檢察官許永欽為本書推薦、賜序，更讓本書增色不少，作者由衷感恩。本書寫作期間得到會計研究發展基金會許多同仁的協助，研究組組長吳如玉協助作者釐清會計疑義（尤其是財務會計準則公報方面），林中貴、林德盛兄幫忙校對，裘雅雯小姐幫忙打字，均在此誌謝。基金會許多委員、教授、會計師們，常常幫《經濟日報》對作者催稿，一併言謝。

　　最後，更要感謝內人章敏雪女士和兩位女兒孟徽、季賢，她們同意作者在週末假日和章老師登完陽明山後，就可趕赴辦公室寫作。沒有這一特許，無法有本書。

第一篇　財務與會計

第四篇　證券金融

第一篇

財務與會計

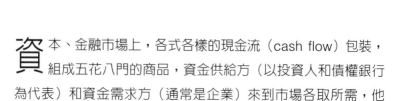

資本、金融市場上，各式各樣的現金流（cash flow）包裝，組成五花八門的商品，資金供給方（以投資人和債權銀行為代表）和資金需求方（通常是企業）來到市場各取所需，他（她）們交換和交易。

他（她）們交換和交易，憑藉的是訊息，尤其是財務性的訊息。可以這樣說，市場上金流表面的背後是訊息交流，而在訊息流方面，企業是財務性訊息的主要供給者，財務透明（transparency）的程度和品質攸關市場的長期健全發展。另一方面，證券交易法第一條開宗明義，立法的目的在保障投資，公權力介入市場監理的宗旨在保護投資人利益，確保財報品質和提升透明度是市場監理的重點之一，也是保障投資的不二法門。編製財務報表時必須確實遵循財務會計準則，不管會計科目，抑或會計原則、方法乃至於會計假設的正確採用，都必須參照一般公認的財務會計準則。

財報中附有四大報表：資產負債表、損益表、現金流量表、股東權益變動表。資誠企管顧問公司（PricewaterhouseCoopers）於2006年在《世界觀察》（*World Watch*）中，依它們的重要性依序排列如下：一、現金流量表；二、資產負債表；三、損益表；四、股東權益變動表。主要理由是：現金流量攸關企業生死（也就是投資或貸放的安全與風險），資產負債表表達企業的財力，損益表透露一段期間的經營成績，股東權益變動表說明淨值的變化。

同樣的經營事實和相關的數據，若採用不同的會計原則、方法，就會產生不同面貌的財務報表，這讓許多人無法不面對學習財務會計的重要性。

1 現代會計
柳暗花明又一村

　　會計是商業語言，財務報告則是企業對外溝通時，所使用的工具。

　　在傳統的會計觀念裡，會計就是「記帳」。就會計程序而言，從傳票、分錄、過帳、試算……，到財務報表的編製，會計無非是一連串的流程，財務報表則是最終產品；會計在上游、財務報表在下游。近代社會裡，傳統會計的觀念因為套裝軟體的普及，引起「會計工作難道要被機器取代？」的疑慮，而到「山窮水盡疑無路」的地步。

　　然而，會計是社會科學，會計的使用有許多假設，也涉及許多會計原則、方法和估計。所以，在二十一世紀之後，會計人的觀念有了全新的面向，其專業核心價值不再是熟稔會計流程，反而在於精準掌握和運用會計假設、原則、方法、估計等。在這種思維之下，財務報告乃是這些假設、原則、方法和估計決定後的結果。如果稅後損益是一個計算式等號右邊的結果，那麼，上述的假設、原則、方法、估計等，就是計算式等

號左邊的參數、變數。

弔詭的是，導致現代會計演進「柳暗花明又一村」的引爆點竟然是財報弊案。在美國是2001年的恩龍（Enron），在台灣則是2004年的博達、陞技。

不知是否巧合，會計職場、大專校園的意願調查，也顯示弊案為會計人選擇的分水嶺，二十世紀末，美國大學校園會計系學生曾面臨迷惘和徬徨，會計系在選系志願中落到後段，2002年以後卻全然不同，會計系成為社會學科的熱門科系（前三名）。大專生所嚮往的職場工作，前五大志願中，有兩大是著名的會計師事務所，會計系畢業生的起薪幾乎達到年薪5萬美元。在台灣，目前中南部某些大專院校會計系仍有招生壓力，然而，整體而言，會計系已在社會組中，與財金系、法律系並列前三大。

「決定會計原則方法，就決定了損益數字」，這句話隱含著「控制會計原則、方法，就控制了損益數字」。會計假設、原則、方法、估計等顯然不能被任意操控，它有政府法令和「一般公認」的標準必須遵循，就像開車上路，紅綠燈、速限等就是政府法令，靠右走，順向行駛就是「一般公認」的交通規則。會計人開車上路，順利省時到達目的地（籌資融資、企業成長）是其私人目的；遵循交通法令、規則，不造成交通紊亂（財報弊案），是駕駛人的社會責任。

控制會計原則、方法，就控制了損益數字。

何謂「一般公認」？事情總無法這麼抽象的一語概括。總括世界各國對建立一般公認會計原則的經驗來說，大約有兩類

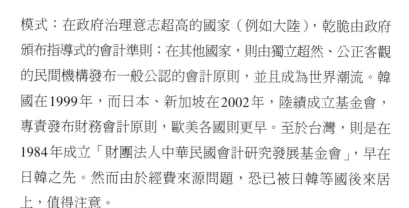

模式：在政府治理意志超高的國家（例如大陸），乾脆由政府頒布指導式的會計準則；在其他國家，則由獨立超然、公正客觀的民間機構發布一般公認的會計原則，並且成為世界潮流。韓國在1999年，而日本、新加坡在2002年，陸續成立基金會，專責發布財務會計原則，歐美各國則更早。至於台灣，則是在1984年成立「財團法人中華民國會計研究發展基金會」，早在日韓之先。然而由於經費來源問題，恐已被日韓等國後來居上，值得注意。

財務會計準則必須先行整合，成為國際間通用的商業語言。

衡盱國際，全球資本市場、金融市場的串連與整合已經成為趨勢，各國企業跨國掛牌、互相整併，甚至交易所之間的交流與整合，有如萬花筒般千變萬化。在金融板塊的組合變化過程中，各國各地市場的財務報告，首先要具備共同閱讀性與比較性，在這之前，財務會計準則必須先行整合，成為國際間通用的商業語言，而這也是總部位於倫敦的「國際財務會計準則委員會」（International Accounting Standards Board, IASB），正在積極推動的任務。

國際間一般公認的財務會計原則以英語表達，這對非英語系國家（日、韓、俄、阿拉伯等），自然形成一股將國際財務會計原則英語在地化的壓力。對此，大多數國家均非常積極主動。

另一方面，在華語系國家、地區（中國、新加坡、台灣、香港），又有各自的華文財務會計原則。中國和新加坡是簡體字華文，而台灣和香港是正體字華文，彼此的財務會計原則並

不相同。對台灣而言，談不上號召整合華語系財會準則（雖然實力可能足夠，也起跑最早），如何避免台灣的財務會計原則被漠視、混淆、邊陲化，反而才是當前急切要務。

2 本益比與財報品質

　　許多人對本益比朗朗上口，可是，本益比如何解讀和應用？

　　報載總統府資政近日憂心忡忡地表示，近幾年來，資本市場本益比持續下降，他擔心市場缺乏活水，無法吸引外來資金。他並警告，股市反映民眾對未來的期待，資本市場本益比如果繼續下降，市場規模縮小，企業籌資能力會變差，優質企業被迫考慮到國外市場籌資……。

　　資政的憂心並非杞人憂天。然而，這段報載也許太過簡略，以致許多思維理得不夠清楚。首先，本益比持續下降與市場缺乏活水無關。這裡的市場可能是指證券交易市場，缺乏活水可能指交易不夠活絡，其實，我國證券市場最足以傲世的，正是交易市場成交量及周轉率特高，周轉率即便在冷市時係數（市場全年成交金額÷上市股票總值）也達0.8，與華爾街的熱市相當。

　　其次，低本益比可能是吸引外資前來的優異條件之一，君

不見2005年前兩個月，外資已在本地市場買超超過新台幣1,100億元。

再者，股市不是反映民眾對未來的期待，選舉投票率才是；相反地，股市是反映股民對投資上市櫃公司股票未來的期待。

最後，本益比下降與市場規模縮小無關，市場規模無論以上市櫃家數、上市櫃股票市值（發行市場規模），或成交金額來衡量（交易市場規模），都與本益比無關。

本益比反映的是一個證券市場的品質指數。

本益比這項係數，無論對金融市場上的資金供給者（投資人和債權人）或資金需求者（上市櫃公司）而言，都具有顯著意義。對資金需求者而言，本益比低表示籌資的成本變高（初上市櫃每股價格或現金增資每股價格降低），籌資的效率變差（必須發行更多的股數才能籌得同額資金）。對資金供給者而言，本益比的倒數約等於投資人所要求的投資年報酬率，而投資股票的理論報酬率等於無風險利率（如一年期銀行定存）加風險貼水。

> 本益比反映的是一個證券市場的品質指數。

以2004年的本益比12.5倍及一年期定存利率1.5%為例，換算投資人要求的投資年報酬率為8%。其中，隱含要求風險貼水年率為8%－1.5%＝6.5%。

本益比係數也是在資本市場上供需均衡的結果。換句話說，投資人（資金供給者）本來要的風險貼水更高，與資金需求者（上市櫃公司）討價還價結果，才被壓到6.5%。在1987

至1990年的台灣股市大多頭時期，市場本益比曾超過五十倍，換算年投資報酬率小於2%，而當時市場無風險利率則達8%之高，投資人還要倒貼風險貼水（－6%），真是不可同日而語，這樣的劇烈變化，癥結在哪裡？

為何台灣證券市場的整體平均本益比會逐年走低？本益比也可以說是投資人投資信心指數（與投資風險意識約成反比），1990年代台灣證券市場菜籃族蜂擁而入（自然人帳戶成交金額占市場成交總額的95%），投資風險意識很低，投資股票（盲目的）信心十足。迄今，自然人帳戶成交金額比率已下降到66%（輸光的人退場？或法人投資提高？或者都有？）法人比重提高，市場風險意識也跟著提高。因此，投資人要求風險貼水提高的結果，使得本益比逐年降低，從這個角度來看，台灣證券交易市場愈趨理性、成熟，應屬可喜的現象。然而，情況並非如此單純，還有另外的解讀。

無論投資人的風險意識提高，抑或投資人信心降低，在證券市場上的具體反映，便是他們所要價的風險貼水升高（由－6%升高至6.5%），市場上放著一堆本益比十倍以下的股票不敢要，資金寧願躲在2%以下的銀行定存體系內。長期以來，影響投資信心的因素是什麼？有些環境條件能否改善？展望未來，這些因素和環境條件，關係到台灣證券市場整體平均本益比是否會止跌回升？（資政所關心的）值得提出來分析與探討。

風險即未來的不確定性，風險通常被歸類：政治、經濟、產業、資金、政策法規、市場監理、資訊透明等。本文特別針

對資訊透明品質與市場監理方向及力度與本益比的關係來探討。假設其他條件不變，則三者的關係是：市場監理方向與力度皆良好，資訊便會透明且品質優，市場本益比係數就會高，反之則低。

市場監理（enforcement）良否關係到市場秩序、紀律，對資訊透明有終極的影響，華爾街有句諺語：「陽光是最佳的防腐劑，燈光是最好的警察。」因此，製造光明、消除黑暗角落是監理單位的職責，路燈數量是否足夠（力度）？是否擺對地方（方向）？壞掉的路燈是否及時處理（市場的無紀律，資訊不揭露或故意誤導）？凡此種種皆會影響夜間行人的安全。這就是監理。

上市櫃公司的財報品質攸關市場資訊透明度的好壞，也是市場監理者的成績單之一。市場監理者能夠導正財報品質，自然是引導本益比係數回升的主要力道；相反地，若上市櫃公司

> 市場監理良否關係到市場秩序、紀律，對資訊透明有終極的影響。

裡少數害群之馬，常常能藉編製假財報來騙取大眾資金〔回想2000年之前博達和訊碟等公司，在市場上意氣風發，訊碟股價上500元、博達300多元，資金蜂擁而上，排隊認現金增資和海外可轉換公司債（Euro-Convertible Bond, ECB）的情況〕，債權人和投資人被騙怕了，對證券市場這灘水的品質，早就戒懼惶恐，不敢聞、不敢喝、不敢用，也不敢靠近。在此情形下，本益比當然不斷走低。

本益比走低，加上企業在台灣證券發行市場每年籌資的總金額愈來愈少，顯示本地證券市場的公開發行機能不斷萎縮。

交易市場和發行市場是證券市場的雙腳，左腳特別發達（交易市場），右腳卻萎縮（發行市場），必定是種畸形現象。

本益比公式中，股價（或市場指數）和每股盈餘（Earnings Per Share, EPS）是兩個變數項目，以上所述都與每股盈餘的品質相關，不實在的每股盈餘等於沒有。另一方面，市場股價（或指數）的走揚或走跌會影響本益比係數高低，1990年時台灣加權股價指數超過12,000點，市場平均本益比高達五十倍，股價指數6,000點時，市場本益比接近十三倍，可見兩者間彼此互為因果。

講到這裡，也許有人會想，若是拉高股價指數，造就市場榮景，不就能改善市場本益比偏低的現象？

證券市場健全的發展，股價長期健康的往上推升，是社會之福。美國道瓊指數在1987年10月曾垮了一次，單一日由2,200點掉落到1,700點，自那以後至今十餘年來，向上攀升至今日的歷史高點（11,000點）。證券市場是經濟的櫥窗與國力的展現，善哉斯言。

所以，人為拉抬（不管是由民間或政府）並非好辦法。國安基金護盤的機制正是向國際透露本地市場缺乏自信，是表徵不成熟市場的一種訊號。提升財報品質、整頓市場，以恢復投資信心，當政治、經濟基本面回溫時，台灣證券市場的本益比將如春天的燕子，從林梢間出現，飛翔在天邊。

3 財報品質，
四標準把關

　　財務報表應真實報導企業的財務狀況、經營成果，及財務狀況的變動。我國財務會計準則第1號「財務會計觀念架構及財務報表」，開宗明義揭示財務報表的目的有二，其一報導企業相關訊息包括：經濟資源、對經濟資源的請求權，及其變動情形（資產負債表）；經營成果（損益表）；流動性、償債能力，及現金流量（現金流量表）。其二，幫助報表使用者（主要為投資人及債權人）投資、授信及其他經濟決策：評估前項的可回收時間、風險及金額；評估企業管理當局運用資源的責任及績效。

　　如何讓財務報表實現上述各項目的？首先，財務報表所提供的資訊必須具備四項品質特性：可了解性、攸關性、可靠性及比較性。

　　可了解性是指，會計和財務報表應易懂、不艱澀枯燥，或避免使用讓人敬而遠之的專業術語。可了解性是報表編製者和使用者相對的互動，後者也必須願意用心研讀才行。

攸關性是指，財務報表所提供的資訊必須盡量與使用者的決策需求攸關，可幫助使用者評估過去、現在，或未來的事項，因而影響到所作的決策。其中，重要性是攸關性判斷的一個門檻（或分界點）。所謂重要性，是指若遺漏或誤述該資訊，則可能影響報表使用者所作的決策。判斷重要性本身的標準，係會計或審計實務的經驗累積，十分專業。

財務報表所提供的資訊必須具備四項品質特性：可了解性、攸關性、可靠性、比較性。

可靠性是指，資訊須具備可靠性方屬有用，具體來說是指資訊無重大錯誤或偏差，且讓報表使用者信賴它已忠實表達。忠實表達則指，財務報導與交易事項完全吻合。另一方面，會計重實質輕形式，當交易事項的經濟實質與其法律形式不一致時，寧取前者。

財務資訊可能具攸關性但不具可靠性，此時，若在報表上認列該資訊，則可能造成誤導。例如，訴訟的賠償金額若有重大的不確定性，則該（可能的）賠償金額不宜列在報表上，而在附註中揭露較為妥當。

比較性則是指，同企業前後期報表的可比較性，以及不同企業間財務資訊的可比較性。為具備這樣的品質特性，企業編製財務報表時，應同時揭露所採用的會計政策（企業編製報表所採用的會計基本假設、基本原則、詳細準則、程序及方法等），會計政策的改變及其影響。

企業管理當局採用的會計政策，應依財務會計準則的規定，並在財務報表附註中，揭露準則公報要求揭露的資訊，並聲明財務報表係依照一般公認會計原則編製而成。

　　由此看來，財務報表的呈現顯然與會計原則、方法、假設的選擇採用有密切關聯，企業編製財務報表，及（之前的）會計處理均須遵循一般公認會計原則，它也可從「商業會計處理準則」、「證券發行人財務報告編製準則」、「會計師查核簽證財務報表規則」等法令中看出，事實上它是會計準據。

　　一般公認會計原則是我國資本市場、金融市場上的公共財，市場監理單位和會計師從中受惠最深。前者向上市櫃掛牌公司收取（每年）上市費用；後者則向同公司收取查核簽證費用，費用中都含有會計資訊成本在內。這些單位和其他受益者單位均應對準則制定成本，擔起分攤費用的義務，就如同美國沙氏法案（Sarbanes-Oxley Act）第109條規定的意旨，也是世界潮流。

4 資產負債表與王建民

　　資產負債表用來表達會計個體在報表日的財務狀況，包括資產、負債和股東權益（淨值），並用恆等式「資產＝負債＋股東權益」來說明，個體所擁有的各項資源（資產），及提供資源者的來源。負債是外人（員工、協力廠商、債權人、銀行、政府等等），因提供勞務、商品、服務、資金而讓個體成為債務人；股東權益是本身所擁有的部分，也稱為淨值，淨值＝資產－負債。

　　資產負債表透露所觀察個體的財務狀況，個體可以是企業、公司、組織等任何設帳記錄的單位，也因此，任何個人或國家，只要肯設帳記錄，就隨時會有一張資產負債表說明財務狀況，對個人來說代表實力和價值，對國家來說則代表國力。以資產負債表的觀念，可以分析、透視人生的眾多面向。

　　紅透半邊天的王建民，迷倒台灣許多年輕人，台北市政府因此聘他為北市觀光代言人，媒體則拚命炒熱新聞，在此熱鬧無比的浮面下，若以資產負債表的觀念檢視，在王建民身上可

以發現值得大家深切關懷的地方。

王建民2006年的年薪30餘萬美元，相較於同隊戰績不怎樣的幾位投手，有三位年薪超過千萬美元，甚至直逼1,500萬美元者，「建仔」的薪資只是人家的零頭。可以說，洋基隊可能視「建仔」為隊中投手群裡的工讀生。

手臂（有形）和投球實力（無形）是投手的資產。在職棒世界中，每一隻手臂，包括投手、捕手、內野各壘手、外野手，以及打擊手，都有其各自的價值和價格。其中，優秀的投手和打擊巨砲最具價值，行情也最高。當前的年薪都上千萬美元。

建仔年薪約等於1970年代平均投手的行情，為何會被壓得這麼低？美職棒中不乏外籍球員，日本、韓國、拉丁美洲等外籍球員的年薪也很高，日本的鈴木一郎年薪直逼千萬，再怎麼不濟，200至300萬美元已經屬低薪球員。「建仔」入隊時，議價能力不強的原因，可能是沒找到精明的經紀人代表他和球隊議價及簽約。

> 只要肯設帳記錄，就隨時會有一張資產負債表說明財務狀況。對個人代表實力和價值；對國家則代表國力。

王建民是洋基隊的寶，理由有二：(1)投球優異（無人能及的伸卡球）戰績卓越；(2)成本低，等於每年為洋基省下1,000萬美元以上。

在會計學上，價值和價格並不必然相等。價值高於價格者，價值被低估，因此，淨值（股東權益）被低估，在王建民身上，就是如此。價值怕被低估，可以找專業鑑價來爭取改善價格，在職棒市場中，經紀人就是球員的專業鑑價師。

台北市政府與其錦上添花，不如同時助建仔突破困難，幫他找位幹練的經紀人，為他爭取權益。

5 國家的資產負債表

　　行政院主計處最近公布2004年底國富統計，全體部門（包括家庭及非營利團體、企業、政府，及金融體系）的國富淨額為96兆餘元（折合約3兆美元，約等於滙豐銀行資產總額）。

　　國富統計的範圍有三大項目：(1)實物資產（含土地、建築、營建工程、運輸工具、機械設備、家庭耐久及半耐久財、汽機車、存貨及其他）；(2)國外資產減除負債的淨額；(3)金融性資產負債（含通貨、各種存款、信託基金、同業往來等）。其中，金融性資產負債這項目對國家整體而言，既是資產，又屬負債，在四大部門間互相抵消，唯可看出，2004年底其規模約95.8兆元。

　　以家庭單位而言，2004年底約七百一十五萬戶家庭單位，總共擁有資產60兆餘元（含金融性淨資產32兆元、國外淨資產1兆元和實物資產27兆餘元），平均每戶資產淨額為789萬元，較2003年底略增9萬元；若以人頭計，兩千三百萬人平均分配上述國富淨額（96兆餘元），則每人平均分得427萬元。

值得注意的是，上述兩組平均數字看似祥和樂利，但若考慮社會財富分配兩極化，少數家庭掌握大部分的國富，大多數家庭只能分配其餘少部分財富，許多赤貧現象其實無法顯現。

以政府部門言，雖然2004年底（金融性）負債達5.5兆元（含金融機構借款、政府債券等）。可是，政府債多不愁，因其資產高達24兆元（包括土地19兆、營建工程3.6兆）。此外，也擁有金融性資產達3.8兆元。事實上，政府擁有的資產在扣除債務後，淨值高達22兆元。政府財政的問題，固然出在如何健全財政，可控制也該控制的債務如何縮減？然而，另外一個坐擁金山（土地19兆、營建工程3.6兆）的有效營運問題，才是關鍵。

主計處公布的國家資產負債表，並無法完整顯現台灣的國富與國力。上述所公布的各項目，均屬有形的資產與負債，許多無形的資產、負債項目均未顯露。隨著我國財務會計準則公報第34至37號開始適用，自2005年度起，主計處公布的上述統計資料裡，四大部門中的企業和金融體系，均將顯現無形項目的價值。政府部門的資產負債是否也該納入無形項目，以求報表的統計基礎一致？

無形項目價值的認列衡量與揭露表達，必須符合三要件：確認真實存在；評估客觀（公允）價值；能以數據表達。

無形的國富、國力調查技術難度高，對於無形項目價值的認列衡量與揭露表達，必須符合三要件：(1)確認真實存在（對於資產科目而言，必須具備未來能夠產生經濟效益條件）；(2)評估客觀（公允）價值；(3)能以數據表達。

　　國防、外交、治安、教育等無形項目，可能以國家資產負債表的資產方表達嗎？對於無法數據化表達的項目，也要在表外附註中揭露，盡可能透明化描述，例如，在目前的二十三個邦交國中，像查德這種以金錢維繫，且採羞辱式斷交法的邦交國，還有多少？像這種（外交的）不良資產，已經不具未來效益，依財務準則公報的精神，應打消列損處理。

　　國家領導人領導失靈（failure）、國家無方向、政府部門運作失靈、人民無核心價值認同、社會集體焦慮、對抗等，這些都屬國家無形負債，對國家的未來產生深遠而重大的影響，雖然不易以數據、指標衡量，但能在附註中揭露嗎？

　　看來，國家的資產負債表和民間企業的財務報告一樣，除了（四大）報表外，附註揭露還有待努力。

6 資產負債表
顯現企業經營面貌

　　資產負債表上各科目的數據，是存量的觀念，顯示的是報表日（通常是年底日）資產負債的財務狀況。

　　報表日的各科目餘額，是企業全年度有關交易事項、紀錄的淨結果。以借貸原理解釋，各科目的借方（或貸方）餘額，其實是全年度借方和貸方事項、紀錄的淨結果，而每一筆借方（貸方）事項、紀錄中，分錄相對的另一邊科目，大部分涉及損益，即涉及企業經營，攤開資產負債表上各科目的全年度借貸分錄，所顯示的正是企業經營、營運的全貌。

　　資產方的各個項目是企業所擁有和掌控的各項資源，企業運用這些資源來經營、營運。例如，銷貨借記現金或應收貸記收入，進貨則借記成本、貸記現金或應付（隨後還是以現金償付），可以說，企業的正常營運必然涉及資產方科目的變動，而健全的資產結構往往也顯露出企業健全的產銷營運。若對照現金流量表來看，在來自營業（尤其是本業）活動的現金流動，更足以彰顯原貌。

少數交易分錄的借貸兩方可能都屬資產科目，例如，借（貸）記長期股權投資，貸（借）記現金、應收款，或其他資產科目，所顯露的是企業的轉投資行為，屬企業經營的重大策略範圍。

長期而言，企業正常經營的基礎在產銷活動、研發活動、創立品牌、通路活動上，這些活動的痕跡，由資產方的項目和結構顯現其樣貌。

也有一些企業的經營，不注重上述各項活動，即不注重資產運用與其報酬。相反地，他們注重資產負債表的右方，即資源來源的掌控與運作，在中國的財務會計界，稱之為「資本經營」。中國國營企業眾多，經營代理問題格外明顯，經營團隊普遍偏好資本經營，嚴重到官方的《財務與會計》專文批判。

> 企業的正常營運必然涉及資產方科目的變動，健全的資產結構顯露企業健全的產銷營運。

「資本經營」，就是企業的籌資、融資活動，包括企業上市掛牌、融資、籌資、併購、分割、債務重組、資本重組等，都顯示在會計分錄上。這具有兩個特色：(1)幾乎是單筆或少數幾筆交易分錄；(2)交易的重點放在負債、淨值方做文章。

以國內有名的博達案為例，它在1999年掛牌上市，2000至2002年的現金流量表顯示，博達的本業（必須造假）表現並不出色，倒是籌資、融資活動非常活躍，創造了輝煌的假象。2003年以後，無論籌資與融資能力都已不行，直到東窗事發，投資人才恍然大悟。

訊碟在2000年掛牌，上市後長期投資和各項籌資、融資活

動緊密結合，不但在財務報告附註揭露訊碟的族譜，顯露轉投資七代同堂，前三代各有一家控股的子孫公司，且併購與分割同時進行，將公司的現金產出部門獨立，因此造成空洞化和作弊的訊碟。

　　企業的長期營運，若重點放在資產負債表的右方變動，其實都是在警告投資人和債權銀行：這家公司不務正業。

7 財報上的價格資訊 與價值資訊

　　各資產負債科目所列示的金額，其背後的會計原則方法基礎各不相同，資產負債表如果是一張都市地圖，各科目就如同都市地圖上有住宅區、商業區、公園等的明顯區分。總括來說，資產負債表上，除應收款和大部分負債科目（金融性負債除外）是以法律關係所成立的權利義務為基礎、長期投資採權益法基礎列示金額外，其餘的資產負債科目所列示的，離不開價格或價值的基礎。

　　價格一方面是市場總體的交易訊息，取決於市場供需雙方；另一方面是企業（會計個體）與交易對手實際成交的紀錄。以時間序列區分，價格可分為歷史價格和現時價格，前者如大部分資產（存貨、固定資產、長期投資等）的原始認列成本，都是基於企業過去實際交易的歷史成本（價格）；後者則是許多資產項目續後評價的基礎，例如，34號公報金融性資產負債的「公平價值」等。

　　基於穩健表達原則，一些會計科目另採取現時價格和歷史

價格孰低來揭露訊息，例如，存貨採取成本（歷史價格）和市價（現時價格）孰低，38號公報待出售的停業單位採帳面成本（歷史價格）和淨公平價值（現時價格）孰低等。

價值通常係引用專家評定鑑定報告，評定、鑑定的是現時價值（並沒有實際成交，只能表彰買方或賣方主觀的期待值，或買賣雙方比較可能合意的區間值），或從財務面上評定資產的現金流量折現值。部分資產科目的續後評量必須引用專家報告，例如，35號公報的資產減損測試、37號公報中未確定年限的無形資產，及商譽科目的減損測試等。

在財務報告的資訊品質中，最主要的特色為攸關性和可靠性。財務報告係為滿足報表使用者（以債權人、投資人為主，對企業供應資金）的需求而提供，故站在報告使用者的立場，要求財報資訊必須與決策攸關，也必須確實可靠。

上述兩項特性卻常具有魚和熊掌的取捨（trade-off）難題，高攸關性的財報（例如財務預測），其可靠性較弱；反之，確實可靠的歷史成本，卻常常不具決策攸關性。以這兩項財報品質特性來檢驗價格及價值資訊，一般以為歷史成本的訊息具高可靠性和低攸關性，現時價格的訊息具高可靠性和高攸關性，而評定、鑑定價值的訊息則具高攸關性，可靠性則較弱。所以，資產負債表上的科目，能以現時價格表達的（例如金融性資產與負債），就不再採用其歷史成本，這反映一種國際會計準則的演進趨勢。

價格取決於市場供需雙方；價值通常係引用專家評定鑑定報告。

現時價格資訊雖然具攸關及可靠性，但必須具備下列的前

提條件，其優異的品質始得以實現：在總體方面，市場必須活絡，且無操縱（價格）的行為；在個體方面，交易雙方不能有非常規交易。

至於專家評定、鑑定的價值報告，編製財務報表者或查帳會計師都可能引用，製作報告本身不屬會計、審計工作範圍，要強化其報告品質、提升其可靠性，下列各項條件不可或缺：

1. 具專家資格的評定、鑑定人員，必須通過門檻標準、保持專業及持續進修、無工作污點紀錄，並參加自律性高的會員組織。
2. 遵循社會共識的標準評價、鑑價流程、工作手冊。
3. 專家資料庫最起碼要包括折現率、現金流量估算模型的各重要變數項目及參數值。

8 研發費用化，
就沒價值了？

在一場藥業智財權研討會中，與會人士提及：「藥品的研發製造有幾個階段過程，在每個過程中，它均具有價值。在美國，藥業智財市場發達，每年交易幾百個個案，每宗交易金額很大，幾億美元是稀鬆平常的事。」也進一步質問：我們的37號公報（無形資產之會計處理準則）若不承認藥品的研究成本可列為無形資產，而必須費用化，其價值豈不消失了？

藥業智財是很專業的領域，結合行業、法規、法律、財務、會計跨學科的整合，在會計方面，主要與第37號公報相關。該公報定義無形資產必須符合三項特性：可辨認性、可被企業控制性，及具有未來經濟效益性。

所謂可辨認性，是指無形資產可與企業分離，並可出售、移轉、授權、租賃或交換；無形資產由合約或法定權利所產生者，也符合可辨認性條件。所指可被企業控制，係企業有能力取得因而流入之未來經濟效益，並能限制、排除他人享用。至於未來經濟效益，則是銷售商品的收入、提供勞務的收入、成

本的節省，或所取得的其他收益。

　　企業取得無形資產的來源有五：單獨取得（買賣）；企業合併時取得；政府捐助；資產交換；內部產生（自行研發）。其中，企業自行研發的過程區分為研究階段和發展階段。發展階段活動如下：

1. 生產或使用前之原型及模型的設計、建造及測試。
2. 設計與新技術有關的工具、模型及印模。
3. 尚未商業化量產的試驗工廠，其設計、建造與作業。
4. 對於全新或改良之材料、器械、產品、流程、系統或服務的已選定方法，所為的設計、建造及測試。企業若無法區分內部專案計畫係屬研究或發展階段，則僅能將其視為研究階段。研究階段的支出宜於發生時認列為費用，發展階段的支出則可認列為無形資產。

　　無形資產於原始認列後，應作續後衡量，主要有兩種方法：成本攤銷法和減值測試法。無形資產的有用年限分兩大類型：年限有限和年限非確定，前者的續後評量採成本攤銷法，後者則採減值測試法。

　　有些無形資產，經分析所有相關因素後，預期資產產生淨現金流入的期間，未存在可預見的終止期限，此種情況的無形資產屬非確定年限型；另一方面，因合約或其他法定權利所產生之無形資產，合約或有關權利條款上會註明權利有效期間，此類無形資產屬有限年限型，其年限為

無形資產於原始認列後，應作續後衡量，主要有兩種方法：成本攤銷法和減值測試法。

權利期間與企業預期使用資產的期間,取兩者較短者。

　　研發費用化,就讓它失去價值了嗎?帳簿紀錄和價值的真實存在是兩回事。藥方、藥品在研究期間的支出,在帳上列為費用,會讓藥廠當年度的損益表比較難看,但卻無損於藥方、藥品研究本身客觀價值的存在。這種價值若經得起考驗,在未來愈趨成熟時,其價值愈增大,終可透過自行生產而對企業產生經濟效益,或出售轉讓而產生效益。客觀上,它甚至產生了市場價格。

　　在美國,如業界先進所指,藥業智財市場健全又發達,甚至藥方、秘方都有交易;另一方面,美國藥業所遵循的會計準則,也將研究期間的支出費用化,和台灣一樣。

　　藥業智財價值的成立,關鍵在市場面、財務面和法規面。在會計方面,研究期間列費用,發展期間則可列為無形資產。

9 吳王識貨，
會計價值顯現

　　近年來，現代會計思維已經向前邁進很重要的一步。基本上，傳統的資產負債表以歷史成本為表達基礎，現代會計則引進「現時價值」觀念，在許多會計科目上，拋棄採用歷史成本，例如，第34號、36號公報針對企業所擁有的金融資產，要求採用「公平價值」認列、表達；第35號公報則對企業所有的固定資產、平時採權益法衡量的長期投資及商譽等會計科目，要求以「使用價值」或「淨公平價值」（公平價值減處分成本）與帳面成本比較，若有減值，則必須認列損失。

　　歷史成本是企業過去的交易紀錄，那「價值」呢？無論是「公平價值」、「使用價值」或「淨公平價值」所指為何？

　　《莊子‧逍遙遊》有個故事，點出上述價值：春秋時代，在江蘇北部有一戶人家，幾代均以洗衣為業。冬天時，洗衣工人會凍裂手指，這戶人家因此發明了一種類似「凡士林」的處方，抹在手指上預防凍裂，這個藥方成為祖傳秘方。有一回，路過商人知道有這處方，便出價數百兩黃金，向這洗衣人家收

買處方，洗衣人家開家族會議後，得出結論：「我們家幾代終年辛苦，每年所得不過數兩黃金，這每年所得以年金法折算現值，不過幾十兩黃金，現在這商人要用十倍價來買，賣了。」商人拿到這藥方後，獻給吳王，時逢吳越交戰，冬天作戰時，吳軍因為懂得保護手指，弓箭手戰力大增，因此打敗並滅了越國，吳王分封商人一大片越國土地，做為犒賞。

對於這個故事，莊子說，同樣的處方，用在洗衣人家、商人和吳王身上，所顯現的價值各不相同。洗衣人家用來謀生，每年得幾兩黃金，賣給商人時得幾百兩，商人轉手得到一大片土地，吳王則因此得了一個國家。

以現代會計解讀上述故事，處方是一項技術專利（無形資產），對洗衣人家的使用價值很微薄，吳王使用它所產生的價值則很巨大──滅了越國。相比之下，洗衣人家賣給商人的價錢，則遠不如商人獻給吳王後所取回的獎酬。

洗衣人家、商人和吳王是三個不同的會計個體，同項技術專利在三者之間，因為資訊不對稱（洗衣店見識淺，商人則閱歷廣），交易雙方即便同在公平的狀況下（合乎第35號公報第四段所稱正常交易的定義），三個會計個體還是各取所需，所列在帳上的技術專利

現代會計既揚棄死守歷史成本的觀念，用現時價值來表達企業所擁有的資產，同時改變了損益表的面貌。

價值也就各不相同。這個故事最重要的寓意是：「價值」其實是一種相對的觀念。

現代會計既揚棄死守歷史成本的觀念，用現時價值來表達企業所擁有的資產，同時改變了損益表的面貌，衡量企業經營

績效的標準也產生劇變。現時價值不管是使用價值（以現金流
量評量為主軸）或公平價值（以市場價格或買賣雙方正常交易
所產生的價格為參考標準），都是相對而非絕對的價值，歷史
成本法所代表的客觀、明確性，在價值相對觀念下，顯得有些
模糊，也是落實現代會計思維的重大挑戰。

　　簡單的說，無論是使用價值或公平價值，其資訊品質可靠
嗎？在這方面，確保可靠的財報資訊品質是評價專家、會計
人、會計師、其他專業人士，及市場監理單位共同的目標與任
務。

10 猴子吃香蕉，
有資產減損概念

　　莊子說了一個故事：有一個人養了一群猴子，他對眾猴子宣布：「日後早餐吃三根香蕉、晚餐吃四根。」眾猴聽了皆怒。他只好改口：「好吧，那麼，早餐吃四根香蕉，晚餐三根。」猴子轉怒為樂。莊子於是下這樣的評論：食物的總數並未增減，但猴兒們的感覺卻大不相同（名實未虧，而喜怒為用）。

　　這個「朝三暮四」的故事，說明一個會計學的基本道理。嚴格講，猴兒們比較有會計的敏銳度，莊子則不屬會計人（怪不得莊老一輩子窮困，曾經為了向鄰居借一把米煮飯不得，而氣急敗壞說了另一則龍王的故事，這是後話）。如果將故事中的香蕉，換成現金流量，那麼，猴子認為，第一期得到4單位現金，第二期得到3的方案，比第一期得到3、第二期得到4的方案好。的確，這兩個方案的現金流量總數不變，但折現值則不同，朝四暮三案的折現值大於朝三暮四案。

　　企業主經營事業，無論直接投資於廠房、設備，或金融投

資（買其他公司的股票），做投資決策時，都要考慮到整個投資週期循環中的現金流量，以及它的折現值問題。

企業直接投資廠房設備後，每年度都運用新廠房設備生產產品以取得收入，扣除相關的生產、營運、行銷、稅費等，若有剩餘就可望收回部分現金（如果投資失敗，則另當別論）。這反映出在投資後各期，廠房設備（固定資產）的使用價值。另一方面，企業若投資於其他公司股份（長期股權投資），所考慮的則是以後各期的配息或變賣股票可望回收的金額。其中，變賣股票須先扣除其交易成本，這也反映出投資後各期，投資標的的淨公平價值，如果它是上市櫃股票，市價是最客觀的價值資訊。

總之，企業投資（固定資產、長期投資）後，連它的股東或債權銀行，都會關心這項投資的可回收金額的折現值為何？相對於固定資產、長期投資的帳上紀錄（帳面價值），它有無減損價值？

財務會計準則公報第35號的「資產減損之會計處理準則」，係因應國際會計準則潮流而生。有鑑於企業財務報告的使用者（投資人和債權銀行為主要代表），對這項財務資訊的需求甚殷，尤其當有客觀證據顯示資產出現重大減損時，該項資產的帳面紀錄已經失真，如果不調整它，很多投資人和債權銀行就會受到誤導。第35號公報可回溯適用自2005年度以後的財務報告（企業可以提前適用），固定資產、長期股權投資（採用權益法認列者）和商譽是三個受此公

> 第35號公報規定，企業應該揭露重要資產已經減損價值的資訊。

報影響的會計科目。企業對這三個會計科目必須每年度經常性測試其價值有無減損，並以重要性原則為判斷，在財務報告上充分揭露。

第35號公報減損了企業的資產嗎？這是公報頒布後，許多人提出來的疑問。答案是：公報規定，企業應該把重要資產已經減損價值的資訊揭露出來。資產價值已經減損（既存事實）在先，要它揭露資訊在後。

揭露資產減損的規定，會對股價不利嗎？再回到猴子吃香蕉的故事，在企業運用資產的生命週期中，可資消耗的資源總數是固定，帳上紀錄分配到各期為損費成本，在帳上消除事實上已不存在的金額，雖然不利於當期，對於以後各期的企業獲利，則有助益。股價反應應該是短空長多。

11 小時偷瓠，大了偷牛

　　亞瑟・李維（Arthur Levitt Jr.）是美國證管會第二十五任的主任委員，任期八年（1993-2001），是至今任期最長的主委。美國證管會成立於1934年，主委任期一任五年，李維經柯林頓總統任命，順利完成第一任任期；1998年續任，第二任只做到2001年2月。

　　李維出身華爾街，曾任美邦財務顧問（Smith Barney）達十六年、美國證券交易所（American Stock Exchange, Amex，比紐約證交所小一號的證交所）董事長十二年，李維熟悉業界、熟稔實務自然不在話下。

　　李維在美國證管會任內以捍衛投資人權益著名，被稱為鐵漢，和前台灣證管會主委呂東英「呂班長」東西方相互輝映（任期也重疊，呂主委的任期為1996至1998）。李維和五大會計師事務所大戰會計師的獨立性問題，他不願見到會計師事務所同時擔任同一家公司的審計工作和財務、稅務顧問諮詢。

　　此外，他推動企業財報透明化，提升財報品質不遺餘力。

1998年他在紐約大學以「數字遊戲」為題，發表演講，揭穿企業高層操控會計原則，也操縱了會計報表盈餘的五大花招：洗大澡（big bath charges）；合併時亂搞會計（creative acquisition accounting）；用調整分錄操控盈餘（cookie-jar reserves）；違背重要性原則（materiality）；不當認列收入（revenue recognition）。

李維認為，運用會計原則，容許有一定範圍的彈性，但許多公司卻誤用這類彈性，並極度扭曲，以美化帳面、虛飾財務報表。上述五大類會計伎倆，其實都是在會計的灰色地帶，也就是操縱會計原則，扭曲會計認列與衡量，從而達到控制財報盈餘的目的。

在那場有名的公開演講，李維針對此情況提出了四大對策：(1)改進會計原則；(2)加強公司外部審計（會計師查帳）；(3)強化公司內部審計委員會功能；(4)改進企業文化、組織氣候，也就是加強公司治理。這些對策都是對症下藥，也是近十年來市場監理發展的主流。

看來，李維是一位有會計、審計觀念的主委，但這樣的主委卻自己承認，「八年任期內，曾經犯下一個極大的錯誤。」何以如此？

李維在1993年初上任時，美國財務會計準則委員會正要規範企業給付高階主管的股票選擇權，必須在資產負債表上列負債、在損益表上列費用（在給付日）。此舉馬上引來矽谷高科技企業聯合會計師界的強烈反彈，並到國會遊說，由民主黨參議員喬・李伯曼（Joe Lieberman）領軍，誓言要推翻此案。據

李維主委事後解釋，當時他考慮到國會若成案，勢必立下國會干預財務會計準則委員會的先例，日後一般公認會計原則就難保其客觀、獨立性了。因此，他自行阻止財務會計準則委員會發布這項會計準則，但這卻讓李維引為生平憾事。

> 操縱財報盈餘的五大花招：洗大澡；合併時亂搞會計；用調整分錄操控盈餘；違背重要性原則；不當認列收入。

企業給付股票選擇權給員工，已經允諾一項負債，企業的損益表也因此多了一項經營費用，這兩者若不在報表上揭露，只在附註上含混其辭地說明，眾多的股東（公司的主人）是無法了解他們到底真正給付給高階員工多少薪酬？也看不清到底還有多少剩餘可留給股東？

這件事後來的情勢演變，正應了一句台灣俚語：「小時偷瓠，大了偷牛。」在事情的初期，主管機關不堅持做對的事情（要求業者充分揭露），讓業界走歪了第一步，後來的華爾街高階主管弊案中，股票選擇權甚至發展至倒填日期、倒填認購價（exercise price）等各式各樣胡作非為的舉動，而股票選擇權至2004年時也尚未費用化。

財務會計準則是資本、金融市場的核心軟體，看似不重要而不用心維護，如此一來，不只資本、金融市場會受重大弊案衝擊，國家的經濟元氣也因此受損。出售不良債權損失分五年攤提的不當行政命令，不是得付出如中華銀弊案等的重大代價？

12 員工分紅配股，回歸會計處理

　　員工分紅費用化為會計界的一個老問題。最近，商業會計法第64條修正通過後，此話題又引來關注。該條文修正為：「商業對業主分配之盈餘，不得做為費用或損失……。」亦即員工分紅配股之會計處理，法令已不再限制其「不得做為費用或損失」，而讓這問題回歸至一般公認會計原則處理。

　　員工與企業簽訂雇傭契約，員工一方提供勞務，企業一方為相對給付。企業在員工履約提供勞務完畢後，依約給付薪酬，支付的名目可能有薪資、獎金、各種福利項目、保險給付、退休金之提撥等，支付的方式、途徑主要有三種：現金、提撥基金，以及現金以外的支付工具，例如，車子、房子、股票、選擇權等。

　　另一方面，員工提供勞務的結果對企業產生貢獻，也產生收益，已全部表達在損益表上，對員工的各種薪酬給付，也應全數列在損益表上揭露表達，才能符合「成本收益配合原則」（The Matching Principle），也才不會扭曲財務報表的表達。

因此，國際會計準則公報第19號「員工給付之會計處理」（IAS 19: Employee Benefits）規定，凡符合以下兩條件：(1)給付的義務已經確定；(2)給付的金額可以

> 對員工的各種薪酬給付，應全數揭露在損益表上，才能符合「成本收益配合原則」。

合理估計時，員工的分紅配股應認列為費用與負債。此外，國際財務報導準則公報第2號「股份給付之會計處理」（IFRS 2: Share-Based Payment）更規定，凡股票或以股票為基礎的給付，如與過去的服務有關，均應以給付日之公平價值衡量。

員工分紅配股的會計處理與報表揭露，經商業會計法修正後已無法令障礙，唯在推動實施時，仍須考量實務上會發生的兩個問題：認列時點；入帳基礎。在實務上，企業於員工提供勞務所屬會計期間之資產負債表日，必須依員工分紅可能發放股票之公平價值列帳，亦即採最佳估計可能發放之股數，乘以資產負債表日之每股公平價值，以其總額認列費用及負債。

之後，員工分紅配股的議案，若在董事會上有重大改變（包括股數及每股認列價值），則必須重新計算，並調整當年度的費用及負債；至次年度股東會議決議若再有重大改變，則依會計估計變動處理，並列為次年度損益。值得注意的是，前段的變動可能必須重編財務報表，後段則毋須重編。

企業若不將員工分紅配股作費用化處理，而隱藏在盈餘分配股東權益變動項下，必然導致損益表上高估稅後淨利、每股盈餘，扭曲財務報告，也讓財務報表無法顯示真實的盈餘和真正的人力成本，這些都是資訊不透明的現象，會傷害股東權益價值。實務上，曾有企業在員工分紅配股費用化前是鉅額盈

資訊揭露充分透明，決策者當能在股東與員工權益之間，取得最適均衡。

餘，被勒令費用化處理並重編報表後，卻出現鉅額虧損的案例。也因資訊不夠透明，無法導正決策者的思維，例如有些案例顯示，該公司經理的平均分紅配股價值，等於投資於該公司股票成本達新台幣5億元的股東一年所得的股利報酬，這還是以稅前和除權前基礎來相比。如果資訊揭露充分透明，決策者當能在股東與員工權益之間，取得最適均衡。

主管機關可能對員工配股費用化後，使公司盈餘大幅降低，對資本市場有所衝擊，而猶豫遲疑，然而，正確的制度足以彰顯經營實力，資訊透明度將提高投資人所認同的本益比係數，對於資本市場的正面反映，將遠超過所削減盈餘的減分效應。況且，所謂「使」公司盈餘大幅降低，也不過是讓它回復真實面貌罷了。

第二篇

審計

財報資訊是一項產品，它的產製在公司內部的財會部門，財會人員編製公司的財務報表。至於財報這項產品的品管則分兩方面進行，在公司內部有內部控制、稽核制度的建置，間接確保財報資訊品質；在公司外部，委由會計師進行審計（audit），直接控管財報品質。

品管程序的確實執行，攸關財報品質的良窳，影響重大。會計師是一專門職業，社會上對會計師的公信角色高度期待，是誰支付會計師進行審計的酬勞（俗稱「公費」）呢？這個問題影響到外部審計制度的長期健全性，現行慣例讓人（尤其是讓會計師）以為會計師似乎是企業老闆聘請的，給付公費的支票也是從老闆口袋裡掏出來的，這容易形成會計師「拿人手軟」的困境。在美國，會計師的聘請和酬勞，由擁有對公司和老闆進行財務監督權限的「審計委員會」決定，而不在老闆。

會計師審計的深度應設定在哪裡？太淺容易流於「形式審計」，而產生審計風險；太深則要考慮現實的審計成本負擔。不管如何，專業的審計水準將確保一定品質的財務報告，「不被會計伎倆（accounting tricks）所愚弄，不在詐騙性的財務報告（fraudulent financial reporting）上簽名」應該是會計師執業的座右銘。

13 | 財報迷霧，
會計師洩天機

　　《莊子‧應帝王》有這樣一個故事：春秋鄭國有個人名叫季咸，人稱混元，「天上的，懂過半；地上的，全部懂。」尤其擅於相命，國王奉為上師。

　　列子因此向他的師父壺子抱怨：「師父，我以為您是天下最博學的人，現在這個季咸懂得好像比您多。」壺子回答：「他只是在滿足你的好奇心罷了。這樣吧，他不是擅於相命嗎？你帶他來見我。」

　　於是，第一天，列子帶著季咸來見過師父，出門後，季咸：「我看你師父已經不行了，生機閉塞，就像一堆火灰上被灑上水。」列子送走季咸後，回報師父，壺子：「那是地象，如如不動，你叫他明天再來。」

　　第二天，季咸：「恭喜，你師父活過來了，看過我後，生機回復。」壺子：「那是天象，生機盎然，叫他再來。」第三天，季咸：「唉呀，怎麼搞的，你師父又陷入了生死未明的狀況。」第四天，季咸見過壺子後就奪門而逃。

列子：「已經追不上了，師父，這到底是怎麼一回事？」

壺子：「深淵水流有九象，生命的機息也有九象，這四天，我讓他看的分別是：天象、地象、動靜不定象和虛與委蛇象。剛剛他看的，是『隨你愛怎麼看，就怎麼看象。』」

深淵水流有九象，現代會計、財務報告也有九象。財務報告由兩大項目組成：會計師的查帳報告意見和財務報告本身（包括資產負債表、損益表、股東權益變動表、現金流量表和附註）。會計師出具的查核意見主要有四類：無保留意見、保留意見、否定意見和無法表示意見。會計師在查核過一家企業後（過程），對該企業的會計認列衡量，和報告揭露表達，必須簽註意見。認為兩者都沒問題，就簽無保留意見；有問題的，就秀出問題，並簽註保留意見；會計師查核過程若受極重大限制，以致看不懂，就簽無法表示意見；若會計師不同意財務報告如此表達揭露，則簽否定意見的查核報告。

財務報告由兩大項目組成：會計師的查帳報告意見和財務報告本身。

對照上述故事，「天象，生機盎然」會計師簽無保留意見，此時的會計師會說：這家企業真的很賺錢、真的很虧錢，或真的很普通。「地象，如如不動」會計師會簽否定意見，「動靜不定」則簽保留意見。至於季咸奪門而出跑到街上後，他脫口而出的第一句話則是：「看不懂，無法表示意見。」

1930年代，美國芝加哥黑幫出了一個加彭老大。聽說他在甄選貼身會計師時，出了一道題目：「2＋2＝？」。會計師A回答：「4」，老大回答他：「好，去領車馬費」；會計師B：「4」，老大：「下一位」；會計師C：「……，敢問您要多

少？」此後，會計師Ｃ就一直跟在加彭身邊，直到美國聯邦調查局要將加彭繩之以法，送進舊金山惡魔島監獄時，加彭下令殺會計師Ｃ。在加彭眼裡，Ａ、Ｂ是小學生，Ｃ才是會計師。而這位會計師平時知道太多，在緊要關頭要想辦法讓他說不出話。

至於財務報告本身（四大報表加附註），樣貌更是五花八門、千變萬化，本文不多加詳述。不過，以下兩種樣貌的財務報告最傷投資大眾：一是假的榮華富貴象，粉飾得跟真的一樣，表面上營收、每股盈餘表現亮麗，其實已經快出事了；另一是虛與委蛇的財務報告，讓您愛怎麼看，就怎麼看，摸不清這種企業壺蘆裡到底在賣什麼膏藥？投資大眾最好少碰為妙。

14 | 會計師公信度備受期待

　　會計師這行業歷史悠遠，在中東遺址所發現的考古物品顯示，大約在距今五千年至一萬年前，初民的部落社會中，當時的會計師是主持資源（牛、羊隻或穀物）確認、記錄和分配的人，地位崇隆[1]。現代會計學的發展則可溯自十四世紀複式簿記的建立，由威尼斯人路卡帕西歐利（Luca Pacioli）所發明，後人尊稱他為「會計學之父」。

　　會計師一開始就被賦予的角色功能是記錄數目和公眾信任（public trust），在初民社會中，會計師使用繩子打結或計數器（token）來記錄牛、羊牲畜或穀物數目，並以繩結、計數器為憑證。隨著社會發展演變，會計師被賦予的角色功能愈來愈多元，例如，很早以前（大約四千年前），會計師就被要求具有找出數目錯誤的功能（後來演變成「審計」）。

　　除此之外，會計師各項業務的發展沿革都與社會變遷有所關聯。例如，股東權益的科目及其變動，以及年度財務報告之提供，皆與1600年英國女王成立東印度公司，並向社會大眾集資有關，而政府會計的出現，則與英國政府統治美洲殖民地時

有關，當時各國間的戰爭或重大建設（1730年代的運河開發、1830年代的鐵路開發）導致公債發行，與此有關的財務報告簽證制度應運而生。十九世紀下半葉，美洲大陸的大開發則導致民間會計師制度及專門職業制度的興起。

　　目前四大會計師事務所：勤業眾信會計師事務所（Deloitte Touche Tohmatsu）、致遠會計師事務所（Ernst & Young）、安侯建業會計師事務所（KPMG）、資誠會計師事務所（PricewaterhouseCoopers），先後創立於1850至1900年間，已有百年以上歷史。時至今日，會計師的功能多樣繁雜，謀生工具也演變為依據法令、會計準則、知識等各項抽象的觀念。

　　然而，有一樣原始的成分至今猶未改變，會計師依然被期待著扮演「公信」的角色，「誠信無欺」仍然是這行的支柱。美國證管會前任主委亞瑟・李維（Arthur Levitt），被譽為美國證券市場的鐵漢，在1996年「財務報告協會」的一場演講中提到：「會計師捍衛事實真相」（Accountants are the people who protect the truth）。不過，誠信二字用在人性上，包括不欺詐和不隱瞞，說謊不是君子的行為，絕大多數的會計師不會犯；不隱瞞則要看狀況——時機、場合和程度，只能說有些會計師遇到某些狀況，不得不多少隱瞞一些。

> 大眾仍期待會計師扮演「公信」的角色，「誠信無欺」仍然是這行的支柱。

　　捍衛事實真相，或者說資訊充分揭露，關乎人性中的高貴情操，也涉及表達技術、知識問題，很難做到恰到好處。

　　隨著經濟活動愈頻繁、發達，經濟社會中利害關係團體（interest party）愈來愈錯綜複雜，資訊充分揭露的要求轉為透

明化（transprancy）的要求，資訊內容也由財務性項目擴大到非財務性項目，由可數據化、金額化項目擴大到不易計量化項目，不論資訊型態為何，都要求表達的方式必須淺顯易懂。至於揭露的時效、時機，愈來愈緊迫，年報、半年報、季報、月報、重大項目幾天內揭露等。揭露的事實也由歷史（已經完成的交易紀錄）擴大到未來（財務預測）。會計師在這樣的演變趨勢中，角色益發沈重。

會計師的名字一旦與某份財務報告連結在一起，就可能要為其查核簽證的財務報告負擔一些責任。包括：民事責任、刑事責任與行政責任。

以證券交易法的規定為例，會計師的民事責任規定[2]在第32條：「前條之公開說明書，其應記載之主要內容有虛偽或隱匿之情事者，左列各款之人，對於善意之相對人，因而所受之損害，應就其所應負責部分與公司負連帶賠償責任……四、會計師……曾在公開說明書上簽章，以證實其所載內容之全部或一部，或陳述意見者。」刑事責任規定在第174條：「有左列情事之一者，處五年以下有期徒列，拘役或併科新台幣240萬元以下罰金……七、會計師……於查核公司有關……報告書或證明文件時，為不實之簽證者。」行政責任規定在第37條：

捍衛事實真相，或者說資訊充分揭露，很難做到恰到好處。

「……會計師辦理前項簽證，發生錯誤或疏漏者，主管機關得視情節之輕重為左列處分：一、警告。二、停止其二年以內辦理本法所定之簽證。三、撤銷簽證之核准……」會計師負擔民事責任的結果可能要賠錢，負擔刑事責任的結果，嚴重者可能

要坐牢，負擔行政責任結果，嚴重者可能被撤銷牌照。

　　會計師執行業務必須遵循一定規範，查核簽證財務報告時，必須遵循會計師法、證券交易法、公司法、商業會計法等相關法律及證券管理法令等規定。除此之外，會計研究發展基金會集合學者、專家，及會計師界所共同研擬、制定並發布的「財務會計準則公報」及「審計準則公報」也是會計師執行業務的準據。會計師執行業務遵循相關法令和準則公報是其查核財務報告品質的保證，獲取公信的不二法門，也是保護會計師免於被追究責任和行政處分的最佳保障。

　　會計師的民事賠償責任問題，由正反兩面同時檢討，才可能得出持平之論。一方面，若讓會計師於查核簽證公開發行公司的財務報告後，即陷入任何時候都可能被一群不特定對象提出求償訴訟的危險，這裡面有些是投資人應自行負擔的投資風險的轉移，若要會計師承受如此不合理的沉重負擔，會計師這個行業有天終將乏人問津。

　　尤其隨著經濟社會愈發達，各項知識、科技爆發所開創出來的新興領域，如牛毛的法令、每年數以萬計的每筆交易紀錄與憑證、交叉持股、跨國企業、母子公司合併報表等，每一項均讓會計師疲於應付。更何況編製財報的責任在公司，會計師受委任進行審計，通常只能憑藉統計學抽樣原理進行，會計師的查核簽證責任有其界限，若真要讓會計師進行完全查核，鉅細靡遺，有些公司要負擔的查核簽證公費將如天文數字。

　　相反地，會計師業若陷入價格競爭，而不顧查核簽證品質，那麼會計師就輕忽了查核簽證的民事責任。少數會計師若

以為至今為止，還沒發生過一件求償成功的訴訟案件，就可高枕無憂，那將大錯特錯。

事實上，「證券投資人暨期貨交易人保護中心」成立後，藉由團體訴訟（class action）來追究會計師的查核簽證責任，將使「投資人保護」的觀念落實為行動。證券投資的損害求償案件的原告由專業法人來擔任，勝訴的機率將大為提升，而且司法裁判的標準也在調整中，損害造成的「因果關係」，由兩造合理分擔舉證責任的結果，被告一方已經無法高枕無憂。

所以，最近會計師法修正草案的熱門議題中，包括會計師事務所組成法人組織有限責任、業務投保金額訂定下限，賠償金額是否訂定上限等項目，會計師業界與主管機關已經多次熱烈討論，尚無共識，這也反映出絕大部分的會計師均已意識到業務風險和責任承擔的問題。會計師這行業的明日，將由專業能力、專業素質來強化競爭力，它可能是「高報酬、高風險」的知識服務業。

最後，本文以勤業眾信會計師事務所前任執行長麥克・庫克（Mike Cook）的話與會計師業界共勉「當社會大眾這樣質問會計師：第一，你的審計做得不很好；第二，你未真正信守不辜負公信的承諾時，會計師這行業就算玩完了。」

【註釋】

1　Brewster, M. (2003). *Unaccountable: How the Accounitng Profession Forfeited a Public Trust*. John Wiley & Sons, Inc.
2　也要參照同法第20條之1的規定。

15 | 會計師對查核
財報舞弊的考量

　　會計師查核簽證財務報告時，不論是財簽或稅簽等目的，會計師都必須正視企業舞弊問題。企業舞弊係指企業內部、治理單位、管理階層或員工中之一人或多人，故意使用欺騙等方法，以獲取不當或非法利益的行為。

　　企業舞弊在企業體制內部各層都可能發生，在治理單位或管理階層發生的，是管理舞弊；在員工層發生的是員工舞弊；員工在治理單位、管理階層指示下配合作業的，屬管理舞弊。這兩種舞弊都可能由一人為之，也有可能多人串謀；另一方面，它們可能只是企業內部人參與，但也有可能內神通外鬼，內外共同為之。

　　會計師查核簽證時，為何必須正視企業舞弊問題？因為企業舞弊很可能導致財務報告的不實表達。事實上，導致財務報告不實表達的企業舞弊，其型態有兩種：(1)在財務報告本身，進行「詐欺性財報」；(2)挪用資產（misappropriation of assets）。其中，治理單位、管理階層挪用資產，情節嚴重的，

可能掏空公司或造成企業財務上的缺口，設法在財務報告上掩飾隱瞞乃人性的必然，也是挪用資產後的後續動作。至於員工挪用資產，大部分肇因於企業內部控制失靈，通常與治理單位無涉，也與管理階層無直接關聯。這種員工舞弊所造成的損失，情節輕者損失融入報表科目中，情節嚴重者則單獨揭露，並列示損失，兩者都不致扭曲財務報告。

　　至於財務報告本身的舞弊，員工無法為之，管理階層做假帳或美化帳面，常常涉及鉅額的金融、商業利益。在管理階層，績效分紅和員工認股權制度都提供了美化帳面的強烈誘因；在治理單位，扭曲財務報告的誘因更複雜，包括稅負、企業併購等。此外，企業主美化帳面有時是逆向而為，端視利益所符合的方向而定。

　　會計師查核財務報告的目的，在對財務報告是否依一般公認會計原則編製，並基於重大性考量，對財務報告是否允當表達表示意見。持平而論，會計師查核財報時，雖不能排除查核企業舞弊的可能，但在查核企業舞弊時卻又受到諸多限制。致使會計師無法完全確信財務報表並無重大不實表達的原因有四：(1)查核工作需要依賴專業判斷；(2)查核工作以抽查方式實施；(3)企業內部控制受先天限制；(4)會計師所取得的大部分查核證據，其性質僅具說明力，而不具結論性。

導致財務報告不實表達的企業舞弊，其型態有兩種：發布「詐欺性財報」；挪用資產。

　　總之，會計師查核財務報告的工作，並非針對偵測企業舞弊而規劃；相對地，許多舞弊手法非常專業，非會計師所能勝

任。企業舞弊可能經過複雜而精細的設計，例如，偽造紀錄、故意漏列交易、共謀舞弊、從事複雜的財務金融創新的交易、交易的另一端是海外的金融機構，以及利用法律形式的合約掩蓋經濟實質的真相等。更何況，查核已舞弊的企業時，企業人員會處處與會計師勾心鬥角，故意提供錯誤資訊、誤導查核方向。

會計師查核簽證時，必須針對企業舞弊的風險，執行風險評估程序，審慎為之。

　　雖然如此，會計師查核簽證時，仍然必須針對企業舞弊的風險，執行風險評估程序，審慎為之。而且，會計師所應遵循的審計準則公報，會計研究發展基金會已於2006年9月1日發布第43號「查核財務報表對舞弊之考量」，取代原第14號「舞弊與錯誤」。第43號審計準則公報特別附錄企業舞弊風險因素，可能發生舞弊的情況及為因應企業舞弊的查核程序等各種狀況的例示，值得會計師界參考。

16 專業上的懷疑

　　審計準則公報第43號「查核財務報表對舞弊之考量」中，「專業判斷」（professional judgement）和「專業懷疑」（professional skepticism）這兩個關鍵性名詞出現多次。何謂「專業判斷」？又何謂「專業懷疑」？

　　「專業判斷」可能比較容易理解，「專業」有別於「常識」，職業中各行各業自有專業領域，以領域為界，專業與常識清楚地劃分出來。例如，甲與乙對話，甲：「今天天氣很好。」甲如果是一般人，這句話是幾無意義的閒磕話語；甲如果是氣象學家，這句話就成專業判斷。又如，甲接著說：「我肚子不舒服。」乙如果是一般人，他大概會回以：「那趕快去看醫生。」這是常識判斷；乙如果就是醫生，「我看看……，可能是膽炎，趕快去住院。」這就是專業判斷。會計師為查核簽證財務報告的所作所為，都是專業判斷。

　　談到審計上的專業懷疑，就有點傷感情，因為懷疑兩字聽起來就像心裡已把對方當成小偷。近代將懷疑一詞講得優雅的

首推胡適，他說：「做人要在有疑處不疑，做學問要在無疑處有疑。」後一句就是歷史學家的專業懷疑。

在無疑處有疑？2001年恩龍案發生前，會計師拿人查帳公費，還要架上懷疑的眼鏡看對方，是「君子所不為」也。會計師知道企業會有舞弊，但眼前這位仁兄除外。後恩龍時代不管國內外，審計的氣氛則大不相同，會計

舞弊與錯誤不同，舞弊是故意犯罪（掏空資產），要表達不實的財務報表。

師眼前的仁兄，舞弊起來最難搞定。舞弊與錯誤不同，舞弊是故意犯罪（掏空資產），要表達不實的財務報表。會計師不必對企業內部舞弊是否確實發生，負法律判定責任，但如果因此做假帳，會計師要極力避免去踩地雷。

依第43號公報所述，會計師在規劃並執行查核工作時，什麼時候？或對什麼人、事、物？要有（並保持）專業上應有的懷疑態度？答案有四：(1)在整個查核過程中；(2)對查核證據的合理性和可靠性；(3)對治理單位、管理階層的誠實與正直；(4)評估管理階層對會計師查詢的回答，是否誠實、正直時。

專業上的懷疑與做人無關，不涉及朋友感情，就如上述例子中，乙後來割除甲的膽，仍然不傷甲、乙的朋友感情。會計師與受查者的治理單位、管理階層可能都是好朋友，會計師也認為他們都屬誠實和正直，查帳時（或回答查詢時）仍要維持專業上的懷疑；不僅如此，會計師與老闆們已經是多年老友，老友們一直都很誠實與正直，但人總是會改變，查帳時，照樣保持專業懷疑。會計師不能因為相信受查者的誠實正直，而接受說服力不足的查核證據。

企業內部的環境和氣氛，觸動會計師專業懷疑的神經。企業內部滋生著舞弊的誘因、壓力，或存在著舞弊的機會，與企業文化形塑公司內部人員行為與心態的扭曲、偏差等，都會讓會計師提高警覺。

會計師一旦抱持專業懷疑，就會因此調整整體的查核對策，例如，指派更具專業技術、知識，及經驗豐富的查帳人員加入查帳團隊，更著重分析性程度以發現問題科目，加重證實性測試，增強抽查樣本質量，變更查帳動作，執行額外的查核程序等。

會計師可能查出舞弊，知道財務報表因而不實表達，或無法下結論，那就會另依第24號、第33號審計準則公報處理；另一方面，若因此導致會計師無法繼續執行查核，會計師可能必須考慮終止與受查者的委任合約。

會計師必須抱持專業上的懷疑，以免名譽受損。

17 落實內部控制，
防範理律案重演

　　理律案與幾年前的英國霸菱銀行案都屬於內部控制失靈的案例。事實上，這兩案有驚人的相同之處，也有不同的地方。相同之處有三：(1)它們都是所處行業的頂尖領導者，理律是台灣法律服務業的翹楚，霸菱則在英國及歐亞的銀行業如日中天；(2)內部控制出現問題而不自覺，以至於爆發危機；(3)都壞在一個人手上。

　　不同之處有二：(1)因內部控制不良而造成企業危機。以火災比喻，霸菱是先從電線走火，冒煙、燃燒，至無法收拾，過程完整而漫長，只是消防系統（內部控制）無法產生作用；理律案則是人為縱火，職員燒辦公室，迅速猛烈，只是當事人縱火前的部署、準備，事務所的內部控制也偵測不出。(2)事發後結局不同，霸菱選擇關門化作塵煙，而理律未來幾年都必須為此案付出代價，理律執行長陳長文指出，不甘心因一人的作為而讓理律化作煙塵，理律選擇奮鬥，此舉讓人敬佩。

　　本文無意在人傷口上撒鹽。理律案中職員盜賣客戶股票，

從容離職，逍遙海外的諸多細節，均值得以內部控制觀點深入檢討，獲取教訓。限於篇輻，本文不從這些程序著眼。然而，我們若輕輕放過這樣的案例，不引為殷鑑，就等於繳了昂貴的學費，卻空手而回。歷史肯定會再重演，只是換個主角而已。

因此，本文從幾個觀念來談內部控制，幾個常被人（尤其是老闆）忽略的觀念。至於內部控制的重要性等之類的八股，本文不贅一辭，大家只要看理律的例子便了然於心。

內部控制是一項過程[1]，是嵌入（build in）企業內部環境的一連串行動，它與業務過程結合，用意在實現遵循法令、促進經營效率、保護企業資產安全等各項目標，均提供合理的可能。事實上，內部控制可以成為管理階層的一種工具，它可能以一種書面制度的方式存在，最重要的是，必須隨時有效運作，關鍵就在老闆、管理階層的一念之間。

某些狀況下（例如本案），老闆可能認為帶領一群專業精英，也建立「信任」和維護員工尊嚴的企業文化，總覺得實施內部控制制度，進行內部稽核，有點像防內賊，破壞企業內部氣氛。然而，這是兩碼事，對人的信念不可放棄，這與「讓內部控制有效運作」並行不悖，高明的內部控制流程可以由透明化到隱形，讓員工感覺不出尊嚴被冒犯。最重要的是，可讓極少數員工認識到「壞念頭很難得逞」，因而惡念不生。在這方面，企業若採「無為而治」，「財物在眼前，考你是聖賢」的結果，將招來惡念。

內部控制制度必須有效嵌入企業內部環境，而企業內部環境的種種因素，離不開「人」。人的行為準則從上到下，從下

到上，例如，企業文化所呈現的價值觀，老闆、員工的素質操守，管理哲學和經營風格，員工的經歷背景，管理階層對資料處理、會計功能的態度，管理階層對財務

> 內部控制制度必須有效嵌入企業內部環境，而企業內部環境的種種因素，離不開「人」。

報導可靠性及資產安全保障之重視程度，會計、內部稽核等關鍵職能的員工流動率等都關係著企業內部風險的存在。

企業內部有一大群好人，卻禁不起單一個人毀壞企業。老闆面對眾多員工，企業之成功在員工，敗也在員工。企業內部環境的許多因素中，只要有個枝節差錯，就足以釀成大禍。本案中，竊賊在事務所內部，平常可能刻意經營自己，而且非常成功，讓周遭人認為他是「國王的人馬」，因此，在遂行弊案過程中，通行無阻。

另一個可能被老闆忽視的因素是，台灣社會的人文環境在過去三十年，已出現斷層，可以出生期為1970年代為劃分。我國傳統優良倫理、價值觀可能中斷，屬於二十一世紀在台灣本土的新人文正在形成。現代人的觀念可能是「財物在眼前，哪來的聖賢」。在這樣的大環境下，將愈來愈迫切需要「法治」，也就是在企業內部建立有效的內部控制制度。

內部控制制度並非萬靈丹，可以讓老闆們「從此，夜夜好眠」。所有內部控制制度均受限制，有效運作中的機制可能會故障、失靈和操作判斷錯誤，所以，必須經常測試，以確保它處於有效運轉的狀態，以內部自我測試和外部審計進行測試評估均屬可行。

此外，內部控制最重要的先天限制包括三項：管理階層的

逾越、串謀共犯與成本效益考慮。管理階層本身在不經意的言行舉止上逾越制度，在所逾越範圍內，機制程序退卻，使該項程序不能有效運作，執行程序的人不能抗拒而向「人治」屈服。一項內部控制程序若不能照手冊規定的「該怎麼做，就怎麼做」，這套機制程序就有失靈之虞。如果發生在控制點上，或者愈多的環節被管理階層逾越，等於是自毀長城。

串謀共犯是難度相當高的弊案，幸好人性和經驗法則告訴我們：對企業最致命的弊案通常是一個人幹的，兩個人以上串謀共同遂行的弊案，企業通常還承受得起。而且，串謀者若單純以利結合，也容易窩裡反。它的隱密性不如單獨犯案者，被偵測發現的機率相對高。

有些老闆可能認為：嵌入一套內部控制制度並維持有效運作的成本太高，以成本效益的觀點言，可能不划算。實施內部控制，除了外顯成本，尚有內含成本必須考慮，因為內控流程嵌入業務流程中而犧牲的效率也須考慮在內。另一方面，其效益在建立內部控制制度後所預期的目標一旦實現，有些抽象的效益性，雖然不易量化衡量，重要性卻不言可諭。

內控制度有諸多先天限制，實施內部控制都無法絕對保證有效，更遑論不實施。

有些則是由負向思維：「萬一發生這樣的情況……」來考慮，如果客戶託負保管的財物禁不起失竊，企業的信譽、商譽禁不起損失，所有損及企業命脈的事物，不容發生。這些企業根本命脈所在，值得企業管理階層以萬全的心態來考慮，包括買保險和建立內部控制制度，這兩樣原都為負擔不起的損失而設計。內部控制制度受到諸多先天限制，

實施內部控制都無法作絕對保證，更何況不實施內部控制。

理律爆發危機後，一個月內就已控制局勢，與客戶達成協議，安定其他客戶的信心，危機處理的表現令人讚佩。企業老闆並強調：「類似情形絕對不會再發生，因為接觸、保管客戶股票或金錢的事情，理律確定不會再接受類似委託。」[2]這點有些令人惋惜，因為事務所受委任保管客戶的重要財物，是「信任」的極致，也顯露法律服務業古典婉約的氣質，中和它在法庭上陽剛暴烈的一面。最重要的是，內部控制的課題依然存在，即使割捨出過紕漏的那塊業務，企業仍然得面對其內部控制制度的課題。

【註釋】

[1] 馬秀如譯（1998），《內部控制─整體架構》（*Committee of Sponsoring Organiation of Treadway Commission*），會計研究發展基金會。
[2] 《經濟日報》，92.12.1，第3版。

18 財務會計

為何要有準則

　　在少數老闆心中，財務報表是一場數字遊戲（number game），因為他（她）知道：股票、金融市場裡絕大部分人士都相信「數字的確重要」（number does matter）。另一方面，會計原則、方法決定財務報表上的數字。說會計原則、方法是數字分配的規則也不為過，數字分配表現在橫的（時間序列）與縱的（資產負債表和損益表上的位置）兩方面。

　　例如，折舊政策就表現在橫的方面，從1到n期，不同的折舊方法會有不同的分配結果。有些則影響前後兩期，如不同的存貨評價方法，在前後兩期的資產負債表和損益表上各有不同的數字呈現。在縱的方面，同樣是現金，在會計和法律意義上若屬存出保證金，那歸類在其他資產項下，位置較低，所透露的是流動性較低的訊息；若放在現金科目，位置最高，表示其流動性也最高。在損益表上亦有同樣的現象，位置愈高，愈屬本業經營屬性；反之則屬業外，與經營績效與實力較無相關。數字的確重要，數字所處的位置更重要。

財務會計原則的演進，在美國歷經四個階段：1939年以前；1939年至1958年；1959年至1972年；1973年以後至今。在演進過程中，有三個關鍵角色：(1)美國政府和證管會（SEC，成立於1936年）；(2)美國會計師公會（AICPA，成立於1887年）；(3)美國會計學會（AAA，成立於1916年，原名大學會計教師學會於1935年改名）。

不同的存貨評價方法，在前後兩期的資產負債表和損益表上各有不同的數字呈現。

整體而言，美國會計學會代表學術良知，美國會計師公會則站在會計、審計的實務立場，但受到企業的影響，美國政府和證管會則深受政治力和企業遊說的左右。而會計原則一路走來，在各方之間拉鋸，也在紛擾之中形成共識。

在1939年以前，聯邦政府本於職權管理，各自為因應事實需要，頒布行業的統一會計準則，要求業者遵循（to adopt uniform accounting practices）。例如，十九世紀末的鐵路業發展，帶來農牧產品運輸的便利和問題，農牧業者要求運輸費率透明和公平，國會因此於1887年授權成立州際商業委員會（Interstate Commerce Commission, ICC）執行聯邦法律以實現上述目標，州際商業委員會通常以運輸業者的經營成本為基礎，並以合理利潤訂頒運輸費率，統一行業的會計制度因而勢在必行，尤其是這個行業的固定資產評價和折舊問題，影響最大，業者如何提列折舊關係著公平運輸費率的決定。

二十世紀後，保險業在美國興起，保險費率的精算與業者的損益表有關，更凸顯出「統一行業的會計原則」之必要性。另一方面，二十世紀初發生於舊金山、紐約、芝加哥和波士頓

等幾個城市的大火，重擊產險業，業者普遍無法理賠，亦凸顯會計的行業特性，也引發業者必須提列責任準備，以及大部分資產科目均需採淨變現基礎評價的呼聲。1916年，聯邦貿易委員會（Federal Trade Commission）要求美國會計師公會對此提出對策，根據美國會計師公會回應的方案，政府於1917年頒布聯邦準備公報（Federal Reserve Bulletin），這是美國政府委任美國會計師公會發布統一會計原則的濫觴。

　　進入第二、三階段以後，美國會計師公會於1939年成立會計程序委員會（Committee on Accounting Procedure, CAP），並在隨後的二十年間，產出51號公報，公報的效力僅止於對業者和會員的「建議」（suggestion）。會計程序委員會並在1959年以後改組成立會計原則委員會（Accounting Principle Board, APB），在之後的十多年，發布31號的「意見書」（opinions），其效力則進一步到「推薦」（recommendation）。

　　美國證管會於1973年大幅改變上述情況，另成立獨立超然的財務會計準則委員會（Financial Accounting Standards Board, FASB），取代會計原則委員會，並減少委員人數（從十八至二十一人減至七人），及改採專任制，這和美國會計師公會時代大不相同，一直到現在，財務會計準則委員會發布150號以上的「準則」（standards），其效力則屬強制性的「規範」（rule）。

　　美國財務會計原則歷經七十年的演變，事實上又回到會計學術界美國會計學會所建議的軌道上，1936年美國會計學會曾頒布「會計原則的暫行規定」（A Tentative Statement of

Accounting Principles），並建議性質屬指導式的原則（guiding principles），要業者一體遵行。不過，顯然言者諄諄，聽者藐藐，不但剛成立的證管會感覺好像是在對它下馬威，美國會計師公會對之也嗤之以鼻，至於企業界，就更不用說了。

在上述規定中，主要針對兩個會計問題具體規範，其中之一便是主張資產用歷史成本法入帳，並合理提列折舊，這在當時的企業界可是異說，實務上許多業者以現時價值（漫無標準）入帳，造成鉅額的資本公積和損益表上誇大的折舊。對於美國會計學會的建言，業者怎肯遵循？唉，文人，一肚子的不合時宜（引自蘇東坡），看來古今中外皆然。

隨著歷史軌跡可以看出，財務會計原則的演進走向接軌化，也走向強制規範化。一路走來為何如此漫長？因為經常有難題考驗。茲舉一例，1962年甘迺迪政府為促進經濟發展，開辦投資抵減稅額新制，因此產生會計處理問題而有當期認列（抵減的稅額）法和遞延法的不同。遞延法符合配合原則（matching principle）為會計原則委員會所採納，並因而發布第2號意見書，禁止採當期認列法。企業界當然反彈，因為當期認列法可以在短期內美化報表數字，但後來導致證管會出面解釋：兩法均可。結果，企業和會計師界皆大歡喜，然而，「制式規範」（uniformity）的目標卻因此未能達成。

財務報告資訊是經濟社會的公共財，也必須符合財報使用者的需求。提升財報資訊品質有待各方面的努力，實現這個目標的前提，建立在有效推動具有統一性和規範性的財務會計準則之上。

19 長期投資，
財報看得清楚嗎？

　　在財務報表中，「長期投資」這項列在資產方的會計科目，有如一把雙面刃，既可幫助上市櫃公司營運，亦有可能傷害投資人和債權銀行。茲選幾家公司說明如下（以台積電為標竿公司，其他各家則為近期內出現財報震撼的公司，見表19-1）：

　　公司治理良好、正常營運的公司，經營團隊以股東和利益關係人（stakeholders）的利益為依歸，以此考量有無必要進行長期投資。經營團隊通常以本業為重，不願輕易涉入陌生領域，也不會設財務控股子公司來拉開財務槓桿戰線，涉入財務高風險。台積電的「長期投資」占資產總額比率不高（2%至7%），而且長期安定。

　　財務出狀況的公司則不然，「長期投資」科目花樣百出。首先，若以該公司初上市櫃年度為分野，則「長期投資」的變化出現完全不同的面貌：上市櫃前，一方面不拿自己的錢開玩笑，另一方面因「生吃都不夠，哪來醃漬」，公司幾無長期投資。例如，博達上市前一年（1998年），「長期投資」總額僅

表19-1　上市櫃公司長期投資金額、比例比較表

金額單位：新台幣億元

公司名稱 \ 年度	1998 金額	1998 %*	1999 金額	1999 %	2000 金額	2000 %	2001 金額	2001 %	2002 金額	2002 %	2003 金額	2003 %	2004（半）金額	2004（半）%
台積電	175	14	161	6.8	98	2.6	115	3.1	106	2.7	107	2.6		
博達	0.28	0.9	2.25**	4.4	16.5	12.9	40.7	21.9	21.5	9.2	21.3	10.5		
訊諜	0.37	1.1	0.79	1.4	7.8**	5.9	34.1	25.2	53	31.8	87	46.4	73	57
皇統	2	15.6	6**	32.1	9.3	21.9	6.9	16.9	9.7	21.1	7.9	20.6	7.7	21.9
精英***	9.2	18.8	4.4	7.5	5.4	6	17	8.1	22	7.9	42	18	59	24.6
衛道	0		0.06	0.5	0.79	5.1	2.4**	8.9	4.5	11.7	4.2	9.9	3.7	17
華通***	43	24.5	50	25.2	62	21.5	72	26.8	71	26.5	63	26	63	27.7
茂矽***	115	19.8	219	31.9	279	37.2	238	41.7	209	53.7	141	57.9	153	61.1

註＊　長期投資／資產總額。

＊＊　初上櫃、市年度。

＊＊＊　精英在1994年上市，1998年改組；華通在1990年上市；茂矽在1995年上市。

資料來源：整理自「公開資訊觀測站」。

0.28億元，占資產總額比率只有0.9%；訊碟在1999年以前的「長期投資」也微不足道；衛道1998年甚至沒有「長期投資」。

正常營運的公司，經營團隊以股東和利益關係人的利益為依歸，以此考量有無必要進行長期投資。

公司一旦上市櫃後，狀況便完全不同，一方面由於籌資容易，另一方面由於老闆心態的改變，讓「長期投資」在金額或比率，都長期膨脹。可以說，只要公司財務資金仍有餘裕，老闆就忍不住要進行長期投資，博達在2001年底的長期投資為40億元（為三年前的一百四十倍），占總資產21.9%，訊碟自上櫃、市後就不斷把來自營業活動、投資人及債權銀行的現金，搬到大家都看不到的角落，其「長期投資」的金額與比率分別為2000年7.8億元、5.9%；2001年34億元、25.2%；2002年53億元、31.8%；2003年87億元、46.4%；2004（半）73億元、57%。可以說到了末期，訊碟資產已經空洞化。

表19-1所例的其他公司也一樣，茂矽甚至在償債困難，必須與銀行團協調舒緩償本付息時，長投比率還高達61%。債權銀行不禁要長嘆：「我們借給你的錢，到底哪裡去了？」

「長期投資」的資訊透明度不足，可能是老闆偏愛此道的原因。截至目前為止，母公司簽證會計師對於長期投資科目，在年度報告上以「未經本會計師查核簽證」，在半年報上則以「未經會計師查核簽證」交待過，對投資人和債權銀行而言，這樣的財報充滿了不確定性，相關的資產（長期投資）和損益（權益法下的投資收益）也就沒有訊息意義。

在財務報告附註上，這些公司可能會說明其轉投資事業的

關係網路，財報閱讀者常會感到，關係企業網路愈綿密複雜，公司財報出問題的機會幾乎愈高。訊碟轉投資事業是七代同堂，出狀況的Mediacopy公司是其曾曾曾曾孫公司，而且由該公司家譜看來，每一代都是一男一女，男方可能是一家實體公司，女方則是一家控股公司。這種如蟻窩般的設置，除了顯現出老闆的旺盛企圖心，也顯示出在該公司內部體系，資金通路四通八達，食物一旦搬入蟻窩，觀察者稍一眨眼，就看不到食物被運到何處，這樣的環境對資金供給者而言，毫無安全感。

「長期投資」的評價採權益法（投資比率占20%以上）或成本法（投資比率占20%以下）。如前所述，在母公司的財報上所列示的長投及其投資收益，即便採權益法，在半年報上可用未經會計師查核的財報數字列示，財報閱讀者必須特別注意到母公司報表上的投資收益金額，是否具重要性？是否異常？沒有外部審計的公證，帳面上投資收益的金額可以自由心證來裁量，等於提供一個美化帳面的好機會。

這些財報出狀況的公司轉投資事業，很少與其本業有關，尤其是成立控股子公司。訊碟投資Gold Target基金的手法和義大利帕馬食品公司（Parmalat）在2004年爆發的財報弊案一樣，一些重大轉投資案在董事會上就可敲定，在「五董三監」的公司，世界任何角落均可召開董事會，投資人權益不設防，任老闆予取予求。此外，母子公司交叉持股，設立虛假公司等各種花招，使得長期投資千變萬化，成了投資人和債權銀行的夢魘。

20 應收帳款當心搞鬼

　　財報弊案不會滅絕。在美國，1933至1934年證交法公布時，即針對財報詐欺規定多項條文，公布以來，做假帳乃至升高為白領犯罪就一直沒停過。在台灣，若不論早期，最近的趨勢是每隔六年會有一波地雷股，通常在股市一波大多頭通過高點之後的兩年內爆發。最近的三波股市高點分別是2004年3月的7,200點、1997年8月的10,000點，及1991年4月的6,400點。

　　剛開始時，財報弊案公司和大多數公司一樣，老闆喜歡遊走於會計灰色地帶。何謂「會計灰色地帶」？破壞「會計穩健原則」和選擇對自己有利的「會計原則」、「會計方法」便是。至於何種會計方法對自己有利，則視情況而定，例如，大多數中小企業的稅務會計乃至稅務申報，能夠壓低盈餘，讓財務報表難看一點，老闆通常不會反對；另一方面，上市櫃公司有些老闆，則拚命裝飾美化財務報表。

　　通過「會計灰色地帶」的臨界點以後，財報弊案公司開始

做假帳（也有少數公司，在開始就無所謂的臨界點），這時，絕大部分的財報弊案公司都會在營業收入灌水。何謂「灌水」？即假的營收、假的每股營收、假的稅後純益、假的每股盈餘等。

會計講求「有借必有貸，借貸必相等」，會計T字帳的左右兩方如果失去平衡，即表示帳還沒關好。前述的營收、盈餘都在貸方，一旦在損益表上出現一筆假數字，在借方、資產負債表上，也會對應出現一個以上的假會計科目、假數字。「應收帳款」和「存貨」這兩個科目最常被用來配合作假。

「應收帳款」、「應收款」、「應收關係人款」這類的科目，用來與營業收入配合作會計分錄，可以說渾然天成，天衣無縫。財報弊案公司的老闆，要不是掌控關係人交易，就是雙方套好，抑或虛設紙上公司，尤其是在海外設立公司並不犯法，何況在加勒比海那一帶有許多群島可供選擇，海外有許多避稅天堂其實是投資大眾的墳場。有些公司為了做假花了許多工夫，以博達為例，為了做假營收（銷香港），公司弄了個道具貨櫃（詳參其起訴書），在台港兩地運來運去，繳了不少的運費、倉儲、通關費和稅捐；有些公司做假方式則很粗劣，以義大利帕馬食品公司為例，假的營收純粹來自偽造假訂單、發票等，可用剪刀、漿糊、影印機在半個小時內做出魚目混珠的文件。

> 「應收帳款」和「存貨」這兩個科目最常被用來配合作假。

虛假的營收帳戶如滲在真實帳戶之間，亦真亦假、虛虛實實、變幻莫測，其細膩的手法（例如皇統案），可以把有心查

個水落石出的會計師，也耍得團團轉、霧煞煞，丈二金鋼摸不著頭腦。

但是，以「應收帳款」配合做假營收，會出現科目塞爆的難題，兩、三年內（或更短的時間）這些科目餘額會讓人看不下去，即便是老闆也會覺得，「那倒要想些辦法……」。

所以，財報弊案的第二階段就是一方面繼續灌營收，一方面想辦法消化應收帳款餘額，在資產負債表上所有資產科目都可用來作轉移。博達案的手法是假營收→假應收帳款→假現金。陞技案則是假營收→假應收帳款→假長期投資。

以上種種現象，仔細閱讀財務報告上的表達也可看出端倪，例如：出現數個假應收帳款帳戶（設在海外群島上），餘額重大且愈來愈膨脹，收帳天期超長（超過九十天就值得注意）且愈拉愈長。記得宏達科與會計師的爭議嗎？宏達科的收帳天期在1998年已超過一百一十天，到了2003年更超過兩百四十天，對於同一批客戶天期拉長，宏達科辯稱這是由於「行業特性」，其實是應收帳款塞爆的現象。

此外，這些弊案公司的報表常出現營業淨利與現金流量方向乖離的現象，也就是：「為什麼老闆告訴我公司賺錢，可是公司庫存現金卻愈來愈少，債務愈來愈重，也沒什麼建廠、擴廠動作？」

財報弊案的第二階段，就是一方面繼續虛灌營收，一方面想辦法消化應收帳款餘額。

財報弊案像蟑螂，會在地球上存活兩億年。資本市場、金融市場如果不能有效控制財報弊案，以維護市場品質，財報弊案就會控制並消除資本市場、金融市場。

　　對投資人來說，上市櫃公司公布的財務報表上，出現明顯重大的持續性動手腳跡象後，離公司爆掉出事大約還有一年多的存活期（只是股價會持續下跌），投資人應盡早停損賣股，為兩害相權取其輕的不二法門。

　　對市場監理者來說，防微杜漸是最佳政策，上市櫃公司財報一旦出現做假帳的情形，市場監理者往往陷入「拆也不是，不拆也不是」的兩難；另一方面，財報弊案的老闆們也非常清楚，這是場時間競賽，在這場賽局裡，只要在公司弊案爆掉或被拆穿前，順利出脫（股）並溜掉（人）就算贏。而市場監理者或司法單位的座右銘則是：「他（她）們的贏，就是這社會的輸。」

21 洗大澡，境遇大不同

　　凱文科斯納（Kevin Costner）在「與狼共舞」（Dances with wolf）一片中扮演一位美國軍官，片中他在單人防地附近的小川洗澡，光天化日下裸身撞見了一位紅番，並因此交了一村子的印第安朋友。布魯斯威利（Bruce Willis）在「終極悍將」（Last man standing）一片中，在兩幫流氓火拚下沒落的小鎮旅店洗澡時，被其中一幫抓去施以酷刑。梅爾吉勃遜（Mel Gibson）在「超級王牌」（Maverick）一片中，在酒館樓上（也就是妓院）洗澡，結果掉了一大筆錢。同樣都在洗澡，境遇卻大不相同。

　　會計也洗澡？美國前證管會主委李維1998年在紐約大學的演講中，提到 "big bath restructuring charges" 這個名稱，他說：These charges help companys "clean up" their balance sheet...giving them a so-called "big bath"。這段話如果說給台灣養豬農夫聽，他會說「阮知，淹大水過後，免洗豬稠。」

　　大水來了，把公司的資產負債表（上的汙垢）徹底清洗一

遍，李維說那是所謂的「重建費用」。大水來的時機有三：

- 公司大虧的年度，台灣俚語所謂：「某死，那在乎屎桶。」
  反正已經大虧，乾脆多提列一些損失（為來年設想），且
  最好把它放在一次性損失（例如非常損失）項目下，投資
  人和銀行反而放心不少，而且轉為對公司未來充滿憧憬
  （事實真相：公司未來可能仍然處於極嚴重的情況下）。
- 更換CEO（在台灣為董事長、總經理）時，新任CEO會
  要求董事會同意，把前任經營績效的帳算清楚，也順便把
  資產負債表洗過一遍，所有損失都由那位倒楣的下台者買
  單，有時候買單過了頭，就算是請客。
- 合併時，花樣繁多，本文不贅述。

如何清洗資產負債表？分成資產和負債兩大方面。在資產
方面，應收帳款、固定資產和其他資產（無形資產）等項目都
可能是大砍的對象。應收帳款可以說成「已催收無望」，固定
資產則「那條生產線已無效益性，產品即將過時，生產方法落
伍……」，商譽或其他無形資產則「價值已不存在」，反正還有
第35號公報為依據，資產要定期做測試，若有減損要提列損
失。說者振振有辭，想反對還得找證據。在負債方面，則不當
估列負債，或莫名其妙冒出各種準備，都以「穩健原則」為
名，讓董事們啞口無言。

穩健原則是會計學上很重要的一項原則，若非這原則，早
在1930年代以前美國會計界便破壞了會計學原則。洗大澡以穩
健原則為名，實為弔詭。凡動物，洗過澡後全身清爽，會計報

表也是，洗大澡的次年度很容易出現亮麗的成績，當然是歸諸於新任CEO的經營績效，這才是新CEO上任時要求洗大澡的真正原因。

凡動物，洗過澡後全身清爽，會計報表也是，洗大澡的次年度很容易出現亮麗的成績。

政府推動第一次金融改革政策，目標設定在打消呆帳，剛開始，公營行庫的董、總們對此十分疑懼（豈不是搬石頭砸自己的腳？），政策績效十分有限。直到2001年，有家本土公營銀行董事長新上任，馬上對外宣告該行要響應政府金融政策，一口氣打消300億元的呆帳（帳由下台那位買單）。待新董事長上任後，再著手處理帳面上已打消的300億元放款（在法律面，該行還擁有債權），若將它以10%賣給資產管理公司（Asset Management Corporation, AMC），不費吹灰之力，盈餘就是30億元，足以讓該行連續兩年的每股稅後純益（EPS）達1.5元以上。

其他那些滿身土垢（而不知洗澡）的董、總們，終於領會到何謂「知識經濟」的時代已經來臨，而政府再也不必擔憂政策推不動，因為公營行庫從此以後就沒有打消呆帳的困擾。至於洗過澡後的那位董事長，後來的際遇如何？是凱文科斯納型、布魯斯威利型，抑或梅爾吉勃遜型？就留給大家作茶餘飯後的題材了。

22 北極狐與胡狼

「動物頻道」所介紹的各類動物中，北極狐和胡狼（不是法國狼喔）可能是唯二有會計觀念的動物，牠們都具備「存貨」的觀念。北極狐在冰天雪地間，永遠跟著北極熊，吃北極熊餐桌上留下來的佳餚，若還吃不完，北極狐會找個地方挖洞儲藏食物。胡狼也是，牠們的小孩由雙親扶養長大，是動物界中極罕見像人類的生活方式；此外，牠們實行一夫一妻制，夫妻合力謀生，獵殺羚羊。跟北極狐一樣，牠們儲存食物，以備缺糧時食用。

CEO和CFO中可能有人看過北極狐或胡狼的表現，也學會了儲藏「食物」，這一回是儲藏「會計盈餘」。他們準備了「餅乾罐」（cookie jar），讓餅乾罐中隨時有食物，以備不時之需。也因此有了一個名詞叫「餅乾罐儲藏」（cookie-jar reserve）或稱「餅乾罐會計」（cookie-jar accounting）、「未雨綢繆準備」（rainy day reserves）。

CEO、CFO只要懂得運用上述會計手法，就會在盈餘豐

碩的年度（或月份），多提列一些費用準備、負債準備（超過合理、正常的水準），所利用的會計科目無非是：銷貨退回、累計折舊、呆帳準備、所得稅負債，或各種責任準備等。這樣一來，盈餘不足的年度（或月份），就有可轉回各種準備的空間，用來美化會計盈餘。這種期末調整分錄原就具有前後期相互抵銷的效果，會使損益表上的會計盈餘，各期之間顯得比較平滑（切掉高峰來填補谷底），對許多人來說，不喜歡前後期報表劇烈變動者，上述做法看似無可厚非。

但這是人為製造，與事實不符，對某些投資人也不公平。對在真實盈餘低報年度（因調整分錄被調低）賣出股票者，或在真實損益可能為虧的年度（可是卻被調整分錄抹平了）買進股票者，可能都吃虧，他們原本可以賣得更高或買得更低。另一方面，公司高階主管通常為免於壓力（在虧損或盈餘不如外界預期的年度，有捲鋪蓋走人的風險），而出此下策，藉調整分錄操控盈餘的做法，並不正當。

尤其是這種曾經被美國證管會主委李維公開指控為會計五大惡之一的伎倆，具有隱密性和方便性兩大特點，不必外部憑**對於調整分錄的必要性及金額的允當性等，一般人很難置喙，企業高階主管說了就算數。** 證和內部憑證，也避開了極大部分的內部控制體系，公司內部只有極少數人知道，只不過在帳上作個調整分錄而已，不是嗎？

甚至於在某些行業特性明顯的產業，例如：能源礦藏、綠色會計、人壽、產險保險，乃至於須作資產減損者、帳上列有鉅額商譽者，對於調整分錄的必要性及金額的允當性等，一般

人很難置喙，企業高階主管說了就算數。這些企業若無客觀公正的專業估計為依據，調整分錄易被指責為操控盈餘。

華爾街許多上市公司的CEO都懂得準備一餅乾罐在身，CEO猶如棒球賽投手，除了投直球外，伸卡、松坂魔球……這些變化球也要會個幾樣，沒有三兩三不能上投手丘。「餅乾罐儲藏」這種變化球？大概相當於，滑球吧？

微軟（1999年）、Worldcom（2002年）、恩龍，及可口可樂等著名企業都用過上述伎倆，最近美國證管會規定自2002年起這些調整分錄的會計盈餘影響數，也要在財務報表上顯露，看來是釜底抽薪的猛藥。

第三篇

財報弊案

被公認為「會計學之父」的盧卡‧帕西歐里（Luca Pacioli, 1447-1517），是五百年前的一位義大利雲遊僧，他到處遊歷後，於1494年出版了《算術、幾何、比例及與比例有關的知識集》（*Summa de arithmetica, geometria, proportioni et proportionalita*）一書，將所見所聞寫入書中，其中一章講會計，論述義大利威尼斯、熱內亞、佛羅倫斯各地商人的會計記帳方法，另一章則描述他在各地看到的魔術表演中的幾何知識。由此看起來，會計（財報）和魔術一開始就註定形影不離，世界各地財報魔術案從此就沒停止過。

甚至，在更久遠的四千年前，著名的埃及圖坦卡門法老王十七歲時就在任內被人謀殺，嫌疑人之一就是他的主計長，凶殺的動機則可能是法老王已識破他的財報詐騙。

財報詐騙案所使用的工具是虛假的財務報告，談這種財務報告猶如談一本《水滸傳》。既然已經知道財務報告是虛假的，為何還要談它、研究它？你要是問美國大學的會計學教授此一問題，他（她）的回答必定是：財務警訊（financial warning）學是一門顯學，而舞弊查核師（certified fraud examiner）則是新興的一門行業。

研究「財報詐騙」的途徑有二：從會計科目著手，或由案例分析入門。由會計科目著手？很抱歉，凡有會計科目，必存可趁之機；不過，每個會計科目被利用來行騙的手法，也都具備特定的徵兆，因此值得研究。而且，案例讀多了，自然成為良醫。

　　研習財報弊案，近則可以「養生、保身、全年」，遠則有機
會著書立說，誰曰不宜？

23 財報弊案像煞水滸傳

　　財報像一本故事書？那要看您在哪兒看的財報，您可能在教科書裡或劉順仁教授的書上看到，那的確像是一本故事書、一本童話故事——有花有草、有蝴蝶、皮球與小朋友等。如果是在「公開資訊觀測站」看到的財報，可是章回小說、《西遊記》、《水滸傳》、《三國演義》、《紅樓夢》有文也有武。

　　財報弊案中的財報最精采，它像《水滸傳》。梁山泊聚集了一百零八條好漢（和大娘），證券市場裡也容納了許多財報弊案的男女主角。例如：宋江、林沖、魯達等人，殺人犯案在身，後來都投奔梁山泊，在山寨聚義廳中，大家一起喊呼群保義。每天大口喝酒、大碗吃肉；大秤分金，小秤分銀。

　　這一百零八條好漢、大娘各自有本故事：宋江原是刑警，林沖是步兵學校的總教官，魯達則是野戰師的武術教練。宋江被隔壁老娼婆威脅要向官府爆料，只好殺了她，也殺了不貞的太太。林沖得罪起家前的國師，被他所害而入罪，國師並指使押解林沖的警察，在路途中殺了林沖，兩個警察殺人不成反而

被殺。魯達則在洛陽街上因路見不平,當街三拳打死當地混混鎮關西,等於是在台中街上,三拳打死潑皮阿標。

財報弊案怎扯上《水滸傳》?司馬遷在史記中指出:「士以文干法,俠以武犯禁。」以上幾位大哥都可以說是俠,也都以武犯禁——先是因故殺人,後來則結夥搶劫,分金分銀。在現代財報弊案中,白領階級(士),以財報(文)為工具,搶投資人與債權銀行,同樣在眾目睽睽下穿金戴銀。

《水滸傳》裡有一對夫妻,先生渾號菜園子名張青,老婆是名傳千古的母夜叉孫二娘。他們開了一間旅店,專門在酒裡下蒙汗藥迷倒投宿旅客,然後呢?搶人財物不算,還把人挖心剖肝、剁人肉泥來做包子。那蒙汗藥不是財報,又是什麼?博達等財報弊案中的投資人(旅客)不是被人挖了心肝,而且屍骨無存?蒙汗藥一次迷倒一人,頂多數人;弊案中的財報,一次迷倒千千萬萬人。

財報弊案公司的老闆絕大部分並不像張青、孫二娘夫婦,一開始就想用蒙汗藥來迷倒人。相反地,老闆們剛開始都規規矩矩經營,想出人頭地。可是,當公司情況不順利,外界殷殷期盼,老闆也自認只許成功不許失敗,此時,粉飾財報若能爭取到寶貴的時間,來扳回局勢,他(她)們就會毫不猶豫地採取此一選項。

> 財報作弊分三階段,剛開始先破壞會計穩健原則,接著操控會計原則方法,最後,以做假帳為終極手段。

但是,財報弊案的公司都被證明經營實力不行,長期下來,靠扭曲財報資訊來維持局面。事實上,財報作弊分三階段,剛開始先破壞會計穩健原則,接著操控會計原則方法,最

後，以做假帳為終極手段。

　　讀到這裡，你可能很想認識迷藥長什麼樣，財報弊案中的財報又是長得如何？所以急著想找本章回小說來看，尤其是《水滸傳》。給你一個良心的建議：你還是得先讀過劉教授那本故事書才行。

24 財報飛越太平洋
不該變了樣

　　2005年9月美國證管會通知聯電公司，必須重編其2002至2004年財務報表，重編的原因之一是，美國證管會要求：員工分紅入股必須當做費用處理。值得注意的是，聯電在台灣的財務報表顯示，2004年獲利318億餘元，向美國原先申報的2004年財報虧損47億餘元，重新補報後虧損94億餘元。這種現象不僅出現在聯電，台積電2001年在台灣申報淨利144億餘元，在美國報導的是虧損219億元[1]。

　　早期台灣稅務會計界流行著兩套帳、三套帳的笑話，如今看來，這兩家公司也可能用一套帳，跨國編出兩本財務報表來，這實非台灣資本、金融市場之福。

　　上述情況，業者解釋為：那是由於台灣、美國兩地的財務會計準則有所差異之故。其實大謬不然，台灣的財務會計準則水準，若對照國際會計準則，大概還強過鄰近的日本、韓國，遑論其他周遭國家。

　　以員工分紅入股的會計處理來說，台灣的財務會計準則要

求，企業應當做費用處理，與美國或國際會計準則之規定完全一致。那麼，問題到底出在哪裡？答案是，公司法、商業會計法系裡有「盈餘分配，不得當費用」的規定，業者就主張：（因為）員工分紅入股是盈餘分配，所以不做費用處理。

會計重經濟實質，若與法律形式相競適用，會計報導寧取實質。依會計學原理，成本、損費是企業經營過程中，產生盈餘的必要代價。企業經營投入資源，業主投入資金，員工自執行長以下都投入人力，各自分工，也因此而各取所需，企業主所取回者為盈餘分配，自執行長以下的員工取回者為薪酬，不管企業所支付的方式為何（現金、股票或其他）？都應列入企業的經營費用。

財務報告表達，若將員工分紅入股當成盈餘分配，而不當做費用處理，對股東權益而言，在兩方面均有傷害：(1)在營利事業所得稅方面，該當費用來抵稅而不做，顯然不利於股東權益；(2)資訊透明度不足，股東永遠不了解公司賺錢或虧本？在前述晶圓雙雄的相關年度裡，財務報告飛越過太平洋後，其面貌就變了樣，在台灣賺錢，在紐約則不然。透明度不足或資訊不對稱的財報，它的股價會被打折，傷害股東權益價值。晶圓雙雄的外資持股比例很高，台積電外資占76%，聯電外資占37%，應該不會喜歡這種現象，也不會有外資利用跨海兩市場上所揭露的財務報表差異進行套利才對。

會計和財務報告是一種商業語言，財務會計準則是它的文法、語法。

會計和財務報告是一種商業語言，財務會計準則是它的文法、語法。使用不正確的語法說話，就好像有些初到台灣的老

外，偶會用「媽你好」來向人打招呼。我們要說，台灣的財會
準則跟國際適用的準則語法並沒兩樣，問候人家的說法都是
「你好嗎？」這種表達方式不應「橘逾淮為枳」。

【註釋】

[1] 蔡揚宗（2006），〈從聯電財報重編看我國一般公認會計原則〉，第243
期，p.12，《會計研究月刊》。

25 財務警訊學將成顯學

《孫子兵法》曰：「兵者，國之大事，死生之地，存亡之道，不可不察也；又曰：兵者，詭道，故能而示之不能，近而示之遠，⋯⋯利而誘之，亂而取之⋯⋯。」現代人說：「財務報表者，投資、借（人）錢之大事也，死生之地，存亡之道，不可不察。」又說：「惡老闆所編製的財務報表，詭道也，故不能而示之能，遠而示之近⋯⋯利而誘之，亂而取之⋯⋯。」

熟讀《孫子兵法》後，不禁讓人感覺到，現代投資大眾和古代兵將一樣，都處在殺戮戰場上。投資大眾必須處處留意財務警訊，就像古代將軍必須隨時提防敵人所設陷阱一般。

財務警訊學（financial warnings）早已有之，但在恩龍案後，華爾街開始將它列為顯學。在台灣，博達案爆發後，也顯示了財務警訊學的重要性。尤其是台灣上市櫃企業少數經營團隊熱衷於財務金融創新，加上2006年度開始的財務報表對於許多金融商品必須用「公平價值」評價，將考驗台灣金融市場的成熟性。可以預料，2007年以後，財務警訊學在台灣也將成為

顯學。

有會計學，就有會計唬弄（accounting failures）。不可諱言，有些老闆（或與他的經營團隊一起）會藉玩弄如恩龍案中的會計戲法（hanky-panky），編製魔術般的財務報告（Gimmicky Financial Reporting），魔術雖然眩目神奇，畢竟不真實，伎倆拆穿後也不值一文。

所以當欺騙型的財務報表（歷史報表或財務預測報表）激發出的市場預期，與事實完全不符時，財務震撼（earnings surprise）於焉形成。瞬間，戰場上一片鬼哭神嚎，哀鴻遍野[1]。老闆們為何要耍會計舞弊（accounting tricks）？因為有誘因。誘因是什麼？股價、籌資、績效獎勵及併購。

股價高，公司上下全體春風滿面，外界也一片歌功頌德，總比水餃股的氣氛好，而且趁機變現，落袋為安，也為老闆們賺了裡子。籌資時，更需一張漂亮的財務報表，在台灣，不管初上市櫃，抑或現金增資、發行海外可轉換公司債、全球存託憑證等，總是有「讓財務報表好看一點」的壓力，這時，市場監理單位受理的財務報表，品質是可疑的。

績效獎勵包括給老闆和經營團隊優渥的年薪、福利待遇、退休酬金和盈餘分紅〔看看紐約證交所的葛拉索（Richard Grasso）與泰科國際公司（Tyco International）的柯茲羅斯基（L. Dennis Kozlowski）〕，無不立基於一張漂

> 投資大眾必須處處留意財務警訊，就像古代將軍必須隨時提防敵人所設陷阱一般。

亮的財務報表上。至於併購時，兩方互稱斤兩，財務報表更是關鍵，爾虞我詐，亦難避免。以上，有誘因存在的場合，就會

誘發出人性之惡，彼時，鑑定盈餘報告的品質（quality of earnings），就成為非常重要的任務。

會計詐騙造成的效果是少數人吃定多數人，包括老股東吃定新股東、大股東吃定小股東、經營團隊吃定股東。常見的會計詐騙手法為何？可分成正向手法和逆向操作兩方向來說明。

正向手法是在資產負債表、損益表或現金流量表上呈現：「事實上沒那麼好，報表上卻很迷人。」也就是《孫子兵法》的詭道所云：「不能而示之能」。在資產負債表上所玩弄的手法，包括膨脹資產、隱藏負債。

在膨脹資產方面，包括在購置時灌水；併購時產生誇大的商譽；藉關係人交易產生一套資產兩套表述，盡量資本化（而不列為當期費用），盡量拉長折舊攤銷年限。最常用來灌水的會計科目，包括應收帳款、票據（關係人和非關係人）、存貨、長期投資（轉投資）和現金科目（其實它很醒目，每個人口袋所裝有限，您的可裝進63億元現金嗎？）比較隱晦且非常有效的會計科目是固定資產，當借方科目是固定資產，貸方科目是營業收入，而雙方都是虛假時，其審計難度相當高。

在隱藏負債方面，包括用成本法評價轉投資事業，同時把它當成垃圾筒，一切不良的經營績效和衍生的負債就往裡面倒，並且緊掩蓋口。在租賃會計方面，故意混淆營業租賃和資本租賃，並且控制估算負債公式中的參數值。在退休金會計方面，提列不足是台灣企業界普遍的現象，控制了退休金計算公式中的參數值；此外，成立特殊信託帳戶以隱藏負債和損失，

常見的會計詐騙手法可分成正向手法和逆向操作。

故意低估、少提各項負債準備，也是常見手法。

在財務金融創新潮流中，各項衍生性金融商品都是保證金交易，每日洗價（mark to market），在資產負債表上進行表外（off-balance-sheet）揭露，更提供肇事者便宜行事，隱藏公司重大負債的空間。

在損益表方面，誇大不實收入可藉提早認列（premature revenue），對品質惡劣的客戶或銷售條件下，仍然認列收入（例如試用情況下的銷售，或預期會被退回的銷售），將寄銷視為銷售收入或直接在帳面上虛灌收入。某些特殊行業（恕不舉例）真正的銷售時點在實務上很容易混淆。

> 不當的資本化和拉長折舊、攤銷年限即有低估成本費用而達到美化帳面的效果。

在低列成本費用方面，通常在違背成本收益配合原則下列收入時，將相關的成本費用延至下期。不當的資本化和拉長折舊、攤銷年限，即有低估成本費用而達到美化帳面的效果。

在現金流量表方面，它呈現企業獲得資金的來源有四：債權人；股東；營業；變賣財產。企業資金的流向亦有四：向債權人償本還息；用於配發股東現金股利、員工紅利；營業虧損貼出現金；購置財產或轉投資事業，包括併購。

現金流量表包括三大項目：(1)來自營業活動的現金流入（流出）；(2)來自投資活動的現金流入（流出）；(3)來自籌資（融資）活動的現金流入（流出），分項顯現上述企業資金的來源和去向。

當惡老闆玩弄會計戲法時，對照現金流量表和資產負債

投資大眾勝負的關鍵，就在掌握財務警訊。

表，以及對照現金流量表和損益表，就像照妖鏡般，可顯出財務震撼的原形。若配合以產業發展，企業診斷和現金流量分析，會計舞弊可以被發現。

逆向手法是故意讓財務報表上呈現：「事實上沒那麼糟，財務報表看起來卻……，」也就是「能而示之不能」。顧名思義，就是上述手法逆著操作。以華爾街的術語形容，就是重建成本（restructure cost）讓人不知怎的「聽起來滿舒服的」，其實是在形容「洗大澡」，通常用於新執行長上任，將前任者的責任透過財務報表「算清楚，順便……」。

在台灣，金融體系前幾年亦有些新上任的執行長以打消鉅額壞帳（動輒數百億）來顯示其壯士斷腕（前任的）的魄力。如果未經縝密盤算，而是出於一人之恣意裁量，其實可能也是一種逆向的會計操作手法，違反公認的會計原則。

所有的會計欺詐（financial shenanigans），於老闆惡念初動時不易被察覺，然而，卻有如下兩項特性：(1)從動手腳開始到爆發醜聞，通常有兩年到五年的顯現症候期（華爾街經驗）；(2)凡走過，必留下足跡。老子說過：「善行無轍跡，」並不適用在這裡。在症候顯現期間，下列徵兆可以供參考：

1. 如果你是債權人，對方開始不太願意與你見面洽談，對於財務報表的提供也常藉故推遲，財務報表上數字雖然尚無異樣，彼此間氣氛卻已變了。

2. 如果你是審計人員，當你審計的財務報表是老闆要用來籌

資的，審計期間被縮短，審計待遇異常的好，好到讓你心
裡不踏實，如踩在雲端，勸你所有的審計程序都要確實
做。

3 如果你是投資者，閱讀資訊時，發現企業突然闖入它所陌
生的領域，開始好大喜功，報表突然間亮麗起來，經常更
換人事，經營者在一些非必要的場合露臉太多，不夠專注
等等，對這些非財務性訊息不可不注意。孫子曰：「勝兵
先求勝而後戰，敗兵先戰而後求勝。」現代人說：「惡老
闆先求會計戲法而後戰（募資），投資大眾先進場買股票
（求戰）而後求勝。」勝負的關鍵就在掌握財務警訊。

【註釋】

[1] Charles W. Mulford & Eugene E. Comiskey, *Financial Warnings*, 1996, John Wiley & Sons, Inc.

26 企業豺狼比禿鷹還狠

　　近來，各界談企業風險管理的話題時，對企業舞弊的風險愈來愈看重。小股東，投資上市櫃股票的最大風險之一，就是企業舞弊，企業經營的風險管理，也將避免企業舞弊，列為要項。但企業如何舞弊？

　　企業舞弊的形態可分為三大類：員工的貪瀆；掏空資產；做假帳。其中，員工貪瀆屬非管理者的舞弊，掏空和做假帳則屬管理者的舞弊，證券交易法第171條的重罪。換句話說，員工貪瀆是老闆抓小偷，而在掏空和做假帳的公司，老闆自己偷。

　　員工貪瀆範圍很廣，從「微罪不舉」到「驚天動地」都有。一般員工揩公司油的空間有限，像上班摸魚、把公司的文具帶回家等等，這樣的微罪都交由部門主管、人事主管去傷腦筋。企業重視的是另一類的小型舞弊，很容易發生在業務人員、總務人員、採購人員、會計人員身上，企業的採購支付或應收款的出納，無論價、量、對象的確實性，都要靠健全的內

部控制，以及實施內部稽核防範。這種企業內小型舞弊積沙成塔、聚少成多。

致遠會計師事務所曾舉辦「風險管理實務研討會」，邀請澳洲專家提姆‧麥格福（Tim McGrath）來台演講，他在會中指出，企業內小型舞弊案件約占總數的85%，企業損失金額也相當嚇人。至於「驚天動地」型的員工貪瀆案例，以2004年理律員工盜賣客戶財物和前幾年國票職員盜取公司現金等案為代表，均屬典型的內部控制失敗的案例。在企業內，無論發生大小弊案，都會造成損失，老闆和經營團隊也會賠上聲譽。

2005年的銳普案則是掏空公司的教材案例，幾個人弄個公司招牌，號稱為集團，之後籌得資金3億多元進入銳普取得經營權。不到三個月的時間，他們從銳普抽出的資金就已超過原匯入金額。銳普案若再晚些爆發，公司恐怕會只剩一付骨架，血肉早被啃得一乾二淨。

說股市有禿鷹的人，忘了在非洲草原上，把羚羊弄死的是獅子、豺狼而非禿鷹！這些掠食者窮凶惡極的程度，遠超過禿鷹，禿鷹只是第二輪的用餐者，只啃碎肉，而且聒噪無膽，驅之即散。

豺狼如何吃掉羚羊？掏空者如何吃掉公司？答案是循兩個途徑。一是在董事會（或董監聯席會）上，藉過半席次的優勢，決議通過一些讓公司資產流失或背負債務的議案，而交易的對手通常是老闆掌控或設置的人頭、紙上公司。這些交易的唯一目的是讓公司的財產（或讓公司舉債）、資金流入老闆的

豺狼如何吃掉羚羊？掏空者如何吃掉公司？答案是循兩個途徑。

口袋。

　　再者，老闆也可以背著董事會，指示行政部門配合（不配合的請滾蛋），安排一些交易，這些交易具備完善、複雜（最好不易懂）的法律形式，以掩蓋真正的經濟實質。唯一目的也就是讓公司的財產（或舉債）、資金最後落入老闆口袋。

　　至於做假帳，動機就複雜多了，上述掏空案例中，必定要配合以做假帳掩蓋虧空。其他可能發生做假帳的情形，包括股價、籌資、融資、員工（包括老闆）績效獎勵、併購。

　　為維持高股價，向銀行借錢，辦理現金增資等，都可能要把帳面弄好看一些。至於誘發夥計型老闆如執行長、財務長美化帳面的誘因，則非績效獎勵、員工分紅等獎酬制度莫屬。美國政府2005年以來起訴Adelphia通訊公司、南方健診、泰科、恩龍、瑞士信貸第一波士頓等各企業的執行長，均涉及做假帳。至於世界通訊的董事長、執行長等人，也都被求以重刑。這些人或被壓力所迫，或被貪婪誘引，做假帳騙人、圖利自己。

　　上述這三種企業舞弊型態，若以嚴重程度來區分，以做假帳最嚴重，平均每案所導致的損失金額最大，受害層面也最廣。做假帳掩蓋財務窟窿，就好比一場火災，在電線剛走火時，通常無人理會，只有在看到整棟建築陷入熊熊大火，消防車呼嘯過街，才警覺到：「那棟大樓著火了？」在那之前的半個小時，火災或許還可避免或控制。如何掌握火災通報的黃金時間，是救災關鍵；建立健全有效的災訊通報，也成為市場監理、防範地雷股的法寶。

27 經濟vs.法律，
透視財報弊案

　　會計是一種商業語言，著重在表達個體的經濟實質，當法律形式和經濟實質可以相競適用時，寧取後者。母子公司必須編製合併報表就是明顯的例子。

　　現代商業和金融市場上，交易型態日新月異，契約五花八門、千變萬化，讓許多人都跟不上，這給了想藉會計、財務報告為非作歹的人機會。許多財報弊案以法律形式來掩蓋經濟實質的真相，誇大它、扭曲它，或者憑空捏造。

　　營業收入作假的財報弊案，最後大多沒有好下場。作假手法有如義大利帕馬食品案般粗糙，凡與營收有關的入帳憑證，包括買賣契約、發票，都張冠李戴、移花接木。但大部分的假營收案都經過精心設計，以法律形式誤導財報使用者。

　　早期的弊案在營收灌水方面，大都安排可控制的所謂交易對手，例如海外子公司、關係人、甚至紙上公司、人頭公司等，營收膨脹，應收款也膨帳，會計師查帳很容易發現這項疑點。所以，會計師和做假帳公司之間的對決，就像棒球賽中的

投手與打擊者，雙方的球技都因對方的刺激，而快速提升。接著進入看似合理的法律形式，或利用市場上已存在的契約（原來的用途不在遮弊），使它看似合理。最典型的案例有兩大類。

許多財報弊案以法律形式來掩蓋經濟實質的真相，誇大它、扭曲它，或者憑空捏造。

美國前幾大電信公司包括奎斯特通訊（Qwest）、環球電信和有名的能源公司恩龍在2001年間盛行所謂的「物物交易」（barter trade），最初是由安達信會計師事務所設計出來的，號稱能為電信公司解決營收不足的問題，是謂創意會計（creative accounting）。

安達信會計師事務所把狼和狽湊在一起，牠們都亟須彌補一個營收缺口（市場預期與事實的差距），不補缺口，股價會大跌，執行長及有關人等日子肯定不好過。安達信會計師事務所要狼與狽各拿出一項物件進行交換，雙方各自平白多出一筆資產和營收，皆大歡喜。不僅如此，雙方各執契約為憑，對外振振有辭，編出一個天邊彩霞的故事。安達信會計師事務所後來被美國證管會勒令停業，全球五大會計師事務所的局面頓時變成四大。

另外，查帳會計師和銀行要注意簽約的方式也可搞鬼，許多弊案中的法律契約都有副約（side agreement）的影子。各懷鬼胎的兩方，不把契約一次簽完，非要簽出主約和副約不可，主、副約的條款裡暗藏玄機。以最有名的奎斯特通訊公司弊案為例，這家公司曾和亞歷桑那大學簽訂一宗電信服務契約，也以主、副約形式，副約後來被人發現只有兩個條文，第一條說

副約是主約的延長，效力等同；第二條只有「主約無效」短短幾字。

國內著名的博達案則走假營收、假現金的路子。在檢察官的起訴書上，詳述公司利用海外虛假的銷貨對象和國內協力廠商的交易紀錄，無論在金流或物流方面，進、銷、存一體成形，假得像真的一樣（所有法律形式一樣不缺，包括繳稅、通關等，都真有其事），只不過，貨品是假、進貨是假、銷貨是假。因此，營收是假、每股盈餘是假。雖一時炫爛，騙過許多人，時候一到，自然玩不下去，餡一露，戲也就散場了。

28 現金流量就像企業血液

華爾街有句諺語：陽光是最佳的防腐劑，指的是資訊揭露與透明化。在證券市場上，資訊是陽光，照射之處，腐朽不易生存；相反地，包括內線交易、操縱盈餘、操縱會計等資訊不對稱現象，都在證券市場的陰暗角落進行。

「公開資訊觀測站」是國內證券市場落實資訊透明的重要平台，揭露項目涵蓋財務性和非財務性訊息，前者如年報、半年報、季報等財務數據，後者如董監持股異動、重大訊息公告等；同時涵蓋歷史和前瞻訊息，前者如傳統財務報告，後者如財務預測。

綜觀而言，財務報告雖然是歷史性的財務資訊，在資訊揭露上所占角色很重要。不管是例行性揭露（例如年報半年報等），抑或募集發行時必須的揭露（例如公開說明書），都是主要揭露項目。很明顯地，財務報告品質的良窳與證券市場發展的健全與否，具有密切相關，重要性不言可喻。

一份完整的財務報告包括：(1)四大財務報表；(2)會計師

對財務報表所出具的查核報告，報告內容包括查核範圍、方式和出具意見；(3)財務報表附註，包括重要會計政策說明和會計科目明細表。所謂四大財務報表是指資產負債表、損益表、業主權益變動表和現金流量表。在這四大財報中，一般人只重視資產負債表、損益表，而忽視了現金流量表，其實，企業的現金流量有如人體的血液循環，現金流量表上往往透露著企業存亡的徵兆。

財務報表的品質，是證券市場的基石。財務報表的編製，是一連串會計程序的進行，及應用會計原則、方法，估計等的結果。會計程序和會計原則、方法可以說是財務報表編製的上游；上游源頭峻深、清澈，是財務報表品質的保證。

政府法令與市場監理者要是忽視財務會計人員的專業，上市櫃公司也會上行下效，連帶所及對一般公認會計原則也不會有應有的重視。普遍推廣會計，重視財務會計原則與專業，也要靠財務資訊使用者的覺醒。

以我國證券市場發展為例，大約分成三個時期：1987年以前經紀業務掛帥；1987年至2000年承銷業務風光；進入二十一世紀，屬「自營」業務引領，也就是著重風險管理、資產管理的業務。證券承銷人員、自營人員、基金經理人員、債券部門等對上市櫃公司的「每股盈餘」都能朗朗上口，但對每股盈餘的內涵和建構出每股盈餘的會計原則，方法、估計等，大多不求甚解。

企業的現金流量有如人體的血液循環，現金流量表上往往透露著企業存亡的徵兆。

財務報告品質影響投資決策，而財務會計原則是決定財務

報告品質的重要因素之一。例如同樣是晶圓代工的Ａ、Ｂ兩家公司，若不先比較其重要的會計政策（例如固定資產的折舊政策）對盈餘的影響，單比較其每股盈餘，就如同以張飛比岳飛。

在資產管理決勝的時代，投資決策的主要依據之一，是有優良品質的財務報告，決策者要徹底把握精準的財務訊息，就必須對財務會計準則、準則公報有起碼的認識。

29 現金流程，
凡走過必留痕跡

　　經濟全球化有人把它看成是全球的南（貧）北（富）戰爭，法國一位法官尚德・馬伊亞（Jean de Maillard）則從犯罪學觀點，看到它帶來了兩朵烏雲：犯罪經濟的全球化和全球經濟的犯罪化，這兩者互相促動、壯大。

　　犯罪經濟，以販毒、地下軍火、走私人口為代表的黑色產業（貪污也屬犯罪經濟，但把它當成產業就太誇張了），正循著全球化的腳步，滲透進入了各國的白色（合法）經濟，它也講究國際專業分工。

　　以販毒為例：由拉丁美洲的哥倫比亞人生產、墨西哥人擔任經銷、非洲的奈及利亞人擔任運送，並與亞洲的罌粟田互相激發產品改良、創新。大家也許要問，國際間掃毒的警察跑到哪裡去了？答案也許讓人快樂不起來：其實警察掃毒是在幫毒世界汰劣留優，讓業者體質愈來愈健壯；在掃毒過程中，也敗壞了警界的風紀。

　　黑色產業向白色經濟世界滲透的過程，會造出一片灰色地

帶，這由全球的金融體系提供一個機制平台，或構成一個介面，讓黑色產業的資金有了進出的通道。此外，黑色大哥們也怕銀行倒閉，所選的都是赫赫有名的銀行。黑色資金在銀行這端進入，經過一個黑箱，從另一端出來時，錢已經漂白了。

　　銀行業務中，無法避免在這種灰色地帶的三大功能性服務：洗錢、避（逃）稅和鑽法律漏洞。有個地區的銀行，在上述服務的發展特別發達，它位於環中、南美洲和美國南海岸間的加勒比海，包括百慕達、維京、開曼、安地列斯等群島都非常有名，也讓各國監理、調查人員非常頭疼。當地的銀行存款高得驚人，以開曼群島為例，2000年的銀行存款已超過5,000億美元，相當於2006年台灣的銀行存款總金額，或者指數6,500點時上市櫃公司股票的總市值。

　　在灰色地帶提供服務，銀行收取的手續費特別高，吸引了同業效尤，無論在地區或業務種類方面都是如此，灰色地帶不但擴大，且灰色濃度不斷加深，形成馬伊亞法官所指的全球經濟犯罪化現象。

　　銀行的灰色地帶業務常常以財務金融創新工程為名，以法律契約的形式包裝，滿足客戶各式各樣的需求。端視「你要變出一筆存款來，抑或把一筆資金變不見？」前者著名的案例是博達案，後者如中信金案，都是在海外的銀行裡進行，也都吃定台灣當前處境困難，對於海外資金資訊的查核效率和確實性很容易出問題。

　　企業交易有它的形式面和實質面。形式面出現各種法律契

> 銀行的灰色地帶業務常常以財務金融創新工程為名，再以法律契約的形式包裝，滿足客戶各式各樣的需求。

約，只要具有法律人格即可簽約，一元紙上公司也號稱具有法律人格，況且，契約關係形成三角關係，其中勢必暗藏玄機。至於企業交易的經濟實質面，絕大多數會牽涉到現金的流動，每筆交易均有其現金走向和現金變動的最終結果，循著現金流程的腳印，乃至找到現金流動的最終歸宿，就可還原交易的經濟實質真相。而當初交易的建立和事後的查證，現場都在銀行裡，有經驗的調查、鑑識人員都知道：在犯罪現場，留下最多證據。

　　會計著重經濟實質，交易紀錄常伴隨現金流程。四大報表之一的現金流量表，詳盡表達企業內的現金流動。從可供查核的觀點來看，現金流量表的資金流程，應可由企業往來銀行相關的紀錄得到印證。讓現金流程的資訊透明，其實也確保企業財務報表的品質。

30 企業高層舞弊，能否防範？

　　企業高層舞弊（fraud）的手法五花八門，但不外乎兩大類型：一是掏空資產；另一是做假帳。前者必然導致在財務報表上掩飾虧空，故企業高層舞弊與財報詐欺（fraudulent financial reporting），乃形成一體兩面密不可分的關係。有個弔詭的問題是：在財報的揭露上，可以發現企業高層舞弊的痕跡嗎？先說舞弊是因，不真實的財報是果，卻又再問從果是否可以看出因？

　　財務報告是會計流程的最後結果（產出）。另一方面，交易事項或事實必須分錄，有些灰色地帶（例如公司的房產、飛機等被老闆占用）沒作分錄，自然在財報上不著痕跡；還有一些事實上的侵占行為（例如公司的現金、有價證券，及其他資產等，已被老闆搬走），被會計分錄美化了，轉換到另一個看不出名堂的會計科目，這些在財報上也不容易看出來。不過，凡走過必留下足跡，難易或有分別，犯罪留下證據則屬必然。

　　財務報告是企業活動的歷史紀錄，時間落後，但大眾期待

企業高層舞弊能夠被及時發現，並被制止，以控制損害。美國威斯康辛大學教授霍華德‧達維亞（Howard R. Davia）在《詐欺101》（*Fraud 101*）一書中以時間序列區分，將企業舞弊分成三種：(1)已經爆發，進入司法調查階段；(2)已經被發現且正在私下處理中，但未被公開；(3)尚未被發現的。長期的統計指出，企業舞弊每爆發一案，同時就有兩案尚未被發現，另有兩案已被發現且正在處理中，但未被公開。

若以舞弊案的習慣性來區分，弊案可區分成三種型態：單一的偶發事件；間斷性的，但不屬單一事件；經常連貫性地進行舞弊。前兩種舞弊者還心存僥倖，希望舞弊不會被發現，大部分的企業舞弊案件都屬這兩類，也因此，不容易被拆穿，常常是偶然間被發現，只能說運氣不好。最後一類的舞弊案，老闆已經不心存僥倖（如力霸中華銀掏空案），事實上，只是跟時間競賽，也在跟大眾競賽。

對舞弊者來說，舞弊只有兩類：成功與失敗。成敗的取決標準不在舞弊能否得逞，而在是否會被發現（通常會引發眾怒）？或者更清楚地說，能否順利地在舞弊者財取人溜之後才被發現？有些弊案永遠未被發現，老闆終生享盡榮耀與富貴，那是大衛級的神奇魔術。另一種弊案老闆溜了，再通知大家：「銀行就交給大家來管了。」那也屬「成功」的舞弊案。

> 企業高層舞弊的手法五花八門，但不外乎兩大類型：一是掏空資產；另一是做假帳。

舞弊者的成功就是這個社會的失敗。尤其是對那種只要有機會，就這裡1億、那裡1億的搬出企業的舞弊案件，華爾街

早已用「蟑螂說」來形容：只要在廚房裡發現一隻蟑螂的行蹤，那大概就是各角落都已存在蟑螂。對這種詐欺舞弊的公司，所謂的公司治理早已形同虛設，外部審計的會計師只是形式審計，老闆設人頭公司掏空公司的交易紀錄，則未在財報上顯現出來，會計師查帳時也未能發現。

在美國市場已經興起舞弊查核師這行業，舞弊查核師專業受託查核企業的詐欺舞弊。

會計師為查核簽證財務報告所進行的查帳，要不要針對或考慮舞弊來進行查核？對這問題，一直存有爭議，美國和台灣的會計師大都持反面意見。然而，在美國市場已經興起舞弊查核師（Certified Fraud Examiner, CFE）這行業，舞弊查核師專業受託查核企業的詐欺舞弊。對於尚未爆發，但有問題的貸款案，所貸資金是否被正當使用，貸款銀行其實也可藉助舞弊查核師專家查核。

31 人頭公司，
地雷股的地雷

　　中華銀舞弊並非個案，事實上，是台灣金融市場上系統危機爆發的地雷股之一。台灣有五霸天，中華銀的王老闆是北霸天，中霸天是泛亞銀的台中楊家，南霸天是中興銀的高雄王家，東霸天是花企的花蓮林家，還有東南霸天東企台東「阿不拉」。這些弊案有三個共同特點：(1)都曾有立法委員撐腰，或者本人就是立委，抑或兒女就是立委；(2)都涉及掏空（misappropriation of assets）；(3)銀行出問題，都交給政府處理，由全體納稅義務人買單。

　　掏空公司、侵占公司資產，侵害了其他股東的權益；掏空銀行，除了傷害股東，更侵害存款戶。政府的危機處理旨在「盡快讓風波平息」，搬納稅人的錢填補存戶提領，更讓中華銀成為全國性公害事件，許多人莫名其妙的參與了這場賠償，也許想問：掏空如何發生的？有無制止或防止的可能？

　　老闆要掏空，必得先建置一個他可以有效控制的內部環境，包括不會跟他起爭執的董事會、監察人會，一個沒有聲音

的總稽核，一個聽命於他的財會部門、行政單位。有關董事、監察人的條件，難度也許稍高些，不過，仍有許多法令允許他（她）去指派人員，例如：法人代表、外部董事、交叉持股等，總有一些老好人、投機者等不愛惜自己姓名的人，可以用來充場面。更遑論公司職員，總有方法讓他聽話。

控制公司內部環境如能得心應手，掏空手法五花八門，有些比較粗暴，例如：下條子（或打電話）要人打開金庫。但通常會講究精緻、細膩，安排在法令上站得住腳的表面交易，並盡可能在董事會上（如果過關機會很大的話）提案通過，讓責任攪和成一團泥，讓老好人倒楣、投機者活該，大家一身臭名。值得注意的是，掏空公司通常進行很長一段時間，並且是這裡一億、那裡一億的分次搬出，沒有人會覺得奇怪；相反地，當掏空的金額變大、次數變頻繁，甚至出現上述粗暴的現象時，就表示這家公司要出事了。

人頭公司、一元公司等所謂的「公司」，是老闆最愛用來舞弊的工具，這些公司可能設在國內或國外。如設在國內，則常常與銀行總部、總行，甚至分行同地址，所登記的負責人可以在老闆的「自己人」裡找到同名者。這些公司因為號稱法人，具有所謂的人格，而可以和銀行簽約，簽約內容不外乎交易買賣、資金借貸、背書保證、連帶保證等，結果千篇一

強制財務資訊充分透明化，有助於防患未然。

律，皆導致銀行的資金流進上述這些公司的帳戶裡，消失無蹤。由於這些公司並不是關係人，上述的掏空訊息在財務報告上無從揭露表達。

掮空公司必然導致財報詐欺，強制財務資訊充分透明化，有助於防患未然；反過來說，每件重大財報弊案的發生，也都顯露資訊透明化有可以改善的空間。中華銀財報弊案告訴我們：

1. 會計科目依重要性原則判斷，規定應強制揭露明細表。關於上市櫃公司財報的重大科目明細表，十年前的財報反而較充分，如今，有些明細表已經能省則省。

2. 設址與上市櫃公司總分公司相同的公司，若與上市櫃公司有直接交易，或交叉交易的情形者，應強制揭露對手公司有關資料、交易買賣、資金往來借貸、背書保證、連帶保證等資訊。

3. 簽證會計師發現有上述兩種情形，應作分析說明，有無不利於上市櫃公司的經濟實質，並得依重要性原則判斷，簽註保留意見。

4. 市場監理機構應對上述財報品質，加強品管監理力度。

32 惡劣的交叉持股，
爲害股民

　　大約一百年前，有個年輕人亞瑟‧安德森（Arthur E. Andersen）在芝加哥西北大學教會計學，並在日後創辦設了安達信會計師事務所。這家事務所在1930年代，以退掉不遵循會計原則編製財報的（許多大企業）客戶而備受尊崇，業務蒸蒸日上，後來發展成為美國四大會計師事務所之首。2001年恩龍案後，它垮了、消失了，原因是後繼經營者，已經違背創辦者的精神和秉持的原則。

　　安達信會計師事務所在2000年間，一度印行白皮書，宣傳它能以會計的方法，為美國電信業解決營運、行銷的問題，一時間，「創意會計」一詞散發出寶相莊嚴的光芒。探究其內容，其實在替業界撮合安排物物交換的交易。何謂物物交換？茲舉一例：

　　在2001年第一季末，恩龍公司和環球電信都正為營收缺口（不如華爾街預期）而煩惱，一筆物物交換剛好補足這缺口，結果皆大歡喜。這兩家公司因為行業特性，都需要舖設地下管

道，也在各地之間舖有管道，它們剛好都是安達信會計師事務所的審計客戶，所以，不管其必要性及確實性如何，安排它們來一次物物交換乃水到渠成，交換什麼？某一路段的管道通行權是也。在會計上，這種交換讓雙方都能在分錄上借記無形資產、貸記營業收入，使資產負債表（資產膨脹）和損益表（營收及每股盈餘大增）的帳面都非常好看。從經濟實質面來看，這兩家公司也確實因此增加了資源（通路權），交易並不純然子虛烏有。

然而，上述交易留下了兩個讓人質疑的問題：一是交易的必要性（這個通路權是否有助於提升公司未來的營運效益）如何？二是交易是在被操縱控制的環境下安排出來的嗎？

對照來看，台灣許多上市櫃公司交叉持股現象普通，它的會計分錄通常借記長期投資、貸記資本。性質與兩家公司進行如上述的物物交換相類似，結果也相同，都導致資產和股東權益的膨脹。交叉持股中的兩家公司進行物物交換，所交換的標的是股權本身。

只是，從法律面的觀點看，上述兩者大大不同。物物交換單純依法律契約安排來進行，交叉持股卻涉及公司增資（有一方以上屬公開發行公司）程序，要召開股東大會，也要通過主管機關審核，並辦理增資登記，過程勞師動眾。雙方公司也許會安排透過購買股權、股份進行，較簡易也較隱蔽。

創意會計一詞散發出莊嚴的光芒，究其內容，其實在替業界撮合安排物物交換的交易。

再從法律面的效果來看，交叉持股影響深遠，遠非物物交

換所能比，交叉持股通常導致某人對其中一方公司（通常是上市櫃公司那一方）的控制權更牢固，董事會人數增加了，形成絕對的多數。此外，監察人也換為自己人，而這些都符合安排交叉持股的原來旨意，有了這樣的布局，老闆要掏空公司也就不是件難事。

　　不過，交叉持股也留下了兩個問題讓公眾質疑：(1)交叉持股的必要性如何？在大部分情況下，可能是企業間合縱連橫的一種策略，有其必要性，對企業的長期發展和成長也會產生經濟效益；在有些情況下，則成了企業詐欺的一種手段。(2)交叉持股是否在被操縱控制的環境下安排出來的？在進行過程中是否符合程序的正當性？若有違反，究責性的歸屬為何？

　　近年來，本地金融市場、資本市場的許多弊案中，都看得到交叉持股的蹤影，市場監理者對此頭痛萬分，社會大眾則是深惡痛絕。這個問題已經到了該拿出辦法來徹底整頓的時候，藥方無他，一是對症下藥訂定規範，另一是改進執行力度。

33 企業診斷，
偵測財務震撼基本功

　　財務震撼發生在企業經營的實際結果遠超乎外界預期的目標時，投資人和債權銀行都會受到震撼的洗禮。先前，外界的專家（例如華爾街的價值線等）都說它營收多好、每股盈餘多高，或者自己吹噓（透過財測、法說會等），抑或根據它歷來表現所形成的趨勢而充滿期待。但當財報一公布，大家瞬間綠了臉、投資人忙賣股票、債權銀行則不知如何是好。

　　企業經營所面臨的總體環境因素（macro factor）充滿許多不可測的風險，例如，戰爭、天災、天氣、蕭條、政府法令、供應鏈、客戶中斷等，這些因素所導致的經營成果落差，是投資人、債權銀行必須承擔的風險，很難避免。

　　另一方面，企業經營失敗也有自作孽的成分（firm specific factor），這類因素可歸成兩類：(1)經營團隊判斷錯誤，誤判經營大環境或趨勢，把企業帶入險境、困境；(2)會計舞弊。這兩種狀況所導致的財務震撼，都具究責性，藉嚇阻讓經營團隊不敢輕忽、怠於保護投資人、債權銀行的責任。投資人和債權銀

投資人和債權銀行必須勤作功課，提防企業財務警訊。

行也必須勤作功課，提防企業財務警訊。本文不談會計舞弊，而談企業診斷，分別以經營診斷分析、主力產品的生命週期、主力產品的競爭力、執行長的經營路線對企業是吉是凶，並且以投資人、債權銀行的立場所應具備的判斷水準來分析，以期有助於事前偵側財務警訊。

企業經營面臨大環境的改變，可能對投資人、債權銀行形成財務震撼。以下幾個簡易判斷項目有助於企業診斷：

- 在銷貨收入方面，銷售客戶集中風險分析，財務報告附註可能揭露企業銷售的前十名客戶，或單一銷售占銷售收入一定比率的客戶，本公司是否為他公司的上游供應商？並且是買方獨（寡）占，而賣方完全競爭的局面？
- 在銷貨收入方面，產品集中風險的分析，主力產品是單一或有分散？有無分散產品銷售的轉業能力？
- 主力產品的生命週期分析？
- 主力產品的競爭力分析；
- 企業是否具有成本優勢、產品差異優勢，或行銷條件優勢？
- 企業經營的整體策略分析或稱「波士頓諮詢法則」（Boston Consulting Group Model, BCG Model）。以上項目大部分可在上市櫃公司公告的年報或公開說明書（籌資時必備）中找到資料。

主力產品的生命週期影響企業興衰至鉅，有必要就企業公告的資料進行產品生命週期（Product Life Circle, PLC）分析。

大抵上，產品生命週期可分為四個階段：導入期；成長期；成熟期；衰退期。藉以判斷產品所處位置的檢驗標準有很多，包括，營收成長率、售價、毛利、利潤、競爭狀況、生產狀況、客戶關心什麼、通路、行銷、消費者分析等。

判斷營收成長率的標準是，導入期5%至15%（年成長，以下同）、成長期30%至60%、成熟期15%至20%、衰退期（成長率為負值）。至於「客戶關心什麼」，是最簡易有效的檢驗標準。如果客戶只關心哪一種產品最便宜（例如，手機）？那無疑就是衰退期的產品；反之，客戶不太明瞭產品的功能和用途，但價格很貴，擁有它很炫時，該產品則屬於導入期；在成長期時，客戶關心產品的可靠性，而在成熟期時，則關心產品的方便性。

> 企業診斷是偵側財務震撼的基本功夫，有許多案例顯示，狗急跳牆，尾巴著火的狗跳得又高又快。

損益表的淨利和現金流量表上來自營業活動的自由現金流量間的互動關聯，必須參照產品週期判斷。在導入期時，兩者皆負，而且自由現金流量負值更大，與淨損的差距愈加擴大；在成長期，淨利轉為正數，自由現金流量可能仍然呈現流出之狀態（但遲早會轉為正數）；在成熟期時，兩者皆正，且自由現金淨流入與淨利差距縮小，遲早會出現自由現金淨流入大於淨利；在衰退期，兩者均衰退，仍維持自由現金淨流入大於淨利，但遲早兩者都會落入負值階段。

主力產品的競爭態勢必須考慮現有競爭者（比較雙方的各項競爭力、成本及其他條件）、潛在的競爭者（主要來自本企業的員工、供應商，以及客戶）和產品被替代的威脅。最大的

可能影響是市場整個不見了（華爾街著名案例包括全錄被HP取代、柯達被Sony取代、IBM大主機被個人電腦取代），而當產品大眾化時，利潤也隨之消失。

　　企業經營的競爭力也表現在與供應商、客戶的議價能力上，競爭力的主要構成要素在技術門檻或資本門檻，當供應商和客戶都認為可以把該公司換掉時，該公司的議價能力就出現了問題。想辦法「讓客戶（或供應商）不敢換掉我們」是提升競爭力的不二法門。

　　在整體經營策略分析方面，最重要的問題是執行長和經營團隊會不會為企業帶來危機？包括在經營上是否有降低成本或合理化的推動？是否有賠錢的部門？是否有開拓新市場的能力？市場上是否處在價格提高、出貨量也提高的階段？是否具備提升企業市占率的能力？

　　此外，在考慮進入新市場領域時，執行長的策略有無判斷原競爭者的態度（是否為對方最在意的一塊餅？）或新市場為尚未開發的處女地（non-consumption），潛能需求性極高？

　　企業診斷是偵側財務震撼的基本功夫，有許多案例顯示，經營者並非一開始就存心耍詐，但當他們把公司帶入泥沼地，無法對股東交代時，就有可能玩弄會計花招。狗急跳牆，尾巴著火的狗跳得又高又快。

【註釋】

1　本篇與證券分析師劉智賢合撰。

34 查核財報舞弊三要件

自從2004年6月爆發博達案以來，財報弊案接連不斷。以陞技電腦財報舞弊案為例，報載台灣證交所主管評其手法：「比博達、訊碟還要厲害。」陞技電腦案案情尚未充分公開披露，不過，從其中一端：為消化對子公司塞貨而產生的巨額應收款項懸帳，魔術師來一個「債權轉增資」，造成會計科目位移（geographic entry）的效果，使虛浮不實的數字從顯眼的位置，挪移到較隱晦的地方。由此可以看出，陞技電腦是新一波財報弊案的開端，所使用的會計伎倆也晉級。

我們不禁要問：「上市櫃公司的財報弊案是否沒完沒了？」

關於這個問題的答案，可以美國職棒為例來說明。美國職棒大約起源於十九世紀，職棒比賽進行中，最冗長、也是最精采的片段之一是：投手與打擊者的對決。關於這點，職棒賽剛開始時，投手只會投直球，一直到1910年代，投手才學會以曲球對付打擊者，然後是各式各樣的變化球陸續出籠，職棒賽因

此而更好看。值得一提的是，長期以來，打擊者並未因變化球而降低打擊率，事實上，自從有變化球以後，誕生了不少劃時代的巨砲：貝比盧斯（Babe Ruth）、漢克阿倫（Hank Aaron）、王貞治、索沙（Sammy Sosa）等。

若以這段棒球經來比喻，投手定位為上市櫃公司的老闆，打擊者定位為債權銀行和投資人，那麼，那顆球無疑就是財務報表（資訊）。因此，博達、陞技案在昭告台灣，直球的時代結束了，變化球的時代來臨。

至於財報舞弊為何總能逃過註冊會計師的審計？上市櫃公司財報弊案一旦爆開，社會大眾（尤其是受害者）心裡第一個反應是：「不是有會計師查核簽證嗎？」可見註冊會計師肩負社會大眾對確保財報品質的期待。可是，為何財報舞弊總能逃過註冊會計師的審計？這是個弔詭的詰問。事實上，註冊會計師擋過不少財報弊案炸彈，削過不少公司可疑的帳目，也因此，許多人躲過財報弊案的禍害，也就無法見識註冊會計師的功力。這就好像是若胃不痛，大多數人就沒感覺到自己肚裡還有一顆胃。

另一方面，人們再問：「為何會發生像博達、訊碟、陞技這類災難性的財報弊案，註冊會計師的審計在某些情況下難道力有未逮？」是的，的確如此。首先，這些老闆一旦存心在財務報表使詐，第一個必須騙過的人就是查核簽證的會計師（否則財務報告出不了公司大門），在這種情況下，君子可以欺之以方，會計師也可以欺之以方，「以他們

老闆們一旦存心在財務報表使詐，第一個必須騙過的人就是查核簽證的會計師。

的姓名、簽字來背書，取信於社會。」

所以，博達案帳上所謂63億元現金放在海外國際知名銀行，會計師只能相信函證；訊碟在半年報日將26億元現金挪移（至今不知下落），會計師只能以期後事項處理；陞技的應收帳款轉長期投資，也許有公司會議紀錄文件作查帳證據。

此外，現今審計公費的給付制度，其實十分扭曲人性（我們從來沒有認真檢討過這問題）。審計公費原屬公司經營費用之一，換句話說，由全體股東負擔。支付這項費用的目的，在於促進股東權益的安全保障。可是，簽證會計師是老闆同意的，審計公費那張支票也是從老闆口袋裡拿出來，簽證會計師只看到老闆，卻看不到數以萬計的股東。

在義大利帕馬弊案中，原簽證會計師幾乎是帕馬家族的成員，長期跟隨，存款函證可以交給老闆郵寄，其審計品質可想而知。在美國安達信會計師事務所與1988年World Waste弊案中，安達信會計師事務所已經查出World Waste有重大會計問題共三十二項（附在安達信會計師事務所的審計工作底稿檔案中），還與公司老闆協商分十年來彌補財報缺口，這些都是「拿人手短」的現象。

在台灣的審計市場有另一項特別問題，業務競爭進行割喉戰，公費削價影響審計品質乃屬必然，事務所的查帳人力不足，當期的查帳工作底稿沿循去年的底稿，然後用打勾、打叉方式，或填充題方式去進行審計，已經逐漸向形式審計偏移。

而註冊會計師能否「合理保證」（reasonable assurance）發現錯誤與舞弊的可能？

我國審計準則公報第14號「舞弊與錯誤」第5條:「……因此,依照一般公認審計準則執行查核工作,並不確信定能發現由於舞弊或錯誤所導致財務資訊之不實。」在會計師出具的查核報告中,第二段也出現這樣的文字:「本會計師係依照會計師查核簽證報表規則及一般公認審計準則規劃並執行查核工作,以合理確信財務報表有無重大不實表達。」前後出現「確信」和「合理確信」文字,均源於美國審計準則公報原文"reasonable assurance",這些具有濃厚外交辭令的用語,美國舞弊查核師協會(Association of Certified Fraud Examiers, ACFE)主席托比・畢夏普(Toby J. F. Bishop)於2004年9月指出:「原本是為了在投資者和會計師之間達成妥協。」

再看第14號公報第5條:「……因此,除受託專案查核外,查核工作之規劃及執行,非專為發現舞弊或錯誤而設計。但仍應保持專業上警覺……。」

以上種種,都顯露出對於註冊會計師的外部審計,投資人、債權銀行和會計師間,存在著期待的落差鴻溝,前者期待會計師有義務發現財報舞弊情事,後者則認為即使嚴格依循審計準則實施審計程序,也不能確保發現財報舞弊,查核工作非專為此而設計。那麼,何謂合理確信?

而註冊會計師能否勝任查核財報舞弊重任?恩龍案後,美國官方的努力成就了沙氏法案,並成立公開公司會計監理委員會(Public Company Accounting Oversight Board, PCAOB)等專責機構來管理監督會計師業務;在民間,新興了許多行業,譬如:舞弊查核師、會計鑑識專家(Forensic Accountant)、財

報品質鑑定師等。此外，美國會計師公會於2002年10月發布
第99號審計公報（SAS NO.99, Consideration of Fraud in a
Financial Statement Audit），務求為註冊會計師提供查核舞弊的
詳盡指引（共八十三頁）。

　　美國會計師公會於2004年9月發布「法務、審計與公司治
理：彌合鴻溝」的討論備忘錄，就第99號公報是否足以發現虛
偽的財務報表等問題，公開徵求意見。其
間，查核舞弊師協會主席畢夏普反映99號
公報仍不脫現行制式審計程序導向，查核
人員仍無法擺脫按表操課心態，不利於過程中發現財報舞弊的
主觀能動性。問題不在發布多少查核舞弊的審計準則，而在於
缺乏整體觀解決「舞弊的偵查與防範問題」。

> 舞弊發生的三要件：誘
> 因／壓力、機會和藉
> 口。

　　博達弊案發生後不久，許多會計師界的重量人士便公開表
示：「會計師不是私家偵探」、「查帳不是查案」。反映出他們
因應危機的心態是消極的，不能體認到與社會大眾的期待存在
鴻溝。最重要的是，查核簽證上市櫃公司財報法律責任的浪
潮，朝著會計師而來，這個行業所需的公信力基礎，也亟待會
計師界來強化、鞏固。

　　會計師界能否勝任財報舞弊查核重任？在一念間。財報弊
案的特性之一是「凡走過，必留下足跡」，會計師界如不願承
擔這項期待，遲早會誕生「查核舞弊師」的新行業，取代這項
角色。

　　至於美國審計準則第99號公報的演進，則是一系列「挑戰
與回應」的過程，此乃人類文明發展的基本模式[1]。如前述，

投手投變化球三振打擊者，打擊者也能在變化球中轟出全壘打，可是，不准在球（財務報告）上面作弊，吐口水、抹油、黏沙土等等都不行。審計準則公報是裁判（會計師）查看球有無被人動手腳的手冊。第99號公報自1970年代以來，至今（2002）已歷經四次修正。

至於99號公報在加強查核財報舞弊方面，包括，提醒審計人員舞弊發生的三要件：誘因／壓力（incentives/pressures）、機會（opportunities）和藉口（attitudes/rationalizations），一旦存在於公司經營者所處環境中，註冊會計師就必須強調專業懷疑，不能再假設老闆誠實無辜（innocent），必須帶著查案的態度，貫穿整個審計工作，因此，有一套專業蒐證、查核的程序必須嚴格遵循。

相對於美國審計準則第99號公報，我國審計準則公報第14號「舞弊與錯誤」於1987年發布，其檢討修正列為本會審計準則委員會2005年工作計畫之一。期待修正方向能夠朝：

會計師要面對一個民事責任興起的新時代。

(1)建立偵查、防範舞弊的整體觀；(2)以2002年6月30日適用之國際審計準則ISA 240為藍本（與美國審計準則第99號公報精神相近）；(3)盡可能發展出較詳盡的規則（第14號公報連同附錄共六頁）。

會計研究發展基金會發布的審計準則公報，是台灣的一般公認審計準則，也是註冊會計師執業時，最低的工作規則門檻，為促進台灣審計市場的品質，有必要及時修正或發布新的審計準則公報。

此外，本文建議會計師界修正業績掛帥的經營方針，審計品質不能只滿足於法令或公報所規範的最低門檻。會計師界畢竟要面對一個民事責任興起的新時代。在此條件下，削價競爭是不必要的，也會長期削弱這個行業的公信力基礎。

本文呼籲具新思維的企業執行長，認真思考以下這種創新做法的可能性。年初某金控審計委外公開招標，取得最低審計公費，替公司省下幾百萬元的做法，其實是公司裡總務科長的思維，執行長的思維應放在：如何促進公司資訊透明度，以創造股價貼水（premium），提高股東權益。在此前提下，公司應該支付足夠的審計公費，公開競標的內容應該設定在審計項目、審計服務和審計效能上。我們相信自2005年起，國內首家採用如此思維的大企業，其公司利益將以數十億元計。

【註釋】

1 方順逸、黃培琳、李冠皓（2004）。財報舞弊公報SAS No.99概述。《貨幣觀測與信用評等》，第49期，第41頁。

35 會計鑑識專家在美崛起

　　2001年恩龍案爆發後，美國國會隨即在2002年通過沙氏法案，並成立公開公司會計監理委員會，美國會計師公會也在2002年發布第99號審計準則公報以查核財報舞弊。相對地，民間也新興許多行業，諸如：財報盈餘品質分析、舞弊查核師和會計鑑識專家。所有箭頭均指向如何防範財報舞弊，以保障社會大眾（主要是投資人、債權銀行和公司員工）的利益。

　　情況非常明顯，根據美國會計師公會2004年7月的統計，在二十世紀的最後十二年裡，美國證券市場上總共發生了超過二百七十件涉及犯罪的重大財報弊案（平均每年超過二十件），也造成每年超過1,000億美元的損失（在2002年甚至達到6,600億美元）；其中，70%以上的弊案，涉及老闆或經營團隊。

　　進入二十一世紀以後，起碼在前三年金融災難還是層出不窮，許多看似優秀又優雅的人，在全世界面前赤裸裸地展現他（她）們的貪婪，而他（她）們的犯罪工具就是財務報告；當

他們存心做假帳時，甚至連簽證會計師都要瞞騙，也難怪第99號公報要會計師們具專業懷疑，不可假設老闆們誠實無辜。

也因此，新興起的會計鑑識專家業務愈來愈忙碌。在許多審理證券訴訟的法庭上，不管是刑事犯罪或民事求償案件裡，都被傳喚做為專家證人，提供專家意見。依據美國聯邦證據法第702條規定：「如果科學、技術或其他專業知識有助於證據的掌握、事實的釐清和爭議事項的裁決，則憑藉知識、技能、經驗、訓練或教育而取得專家資格的人，可以出意見或以其他方式在法庭上作證。」事實上，原告、被告和法院三方，都可指定會計鑑識專家出庭作證。

法院在審理與會計有關的民、刑事案件時，為何會傳喚會計鑑識專家？主要原因可能在於：(1)會計知識有相當的專業性，懂的人不多；(2)會計有許多原則、方法的判斷，係出自於裁量運用（discretionary），需要客觀公正的專家說明其允當性；(3)會計上的法律面向或法律上的會計面向，最好由「雙師」（律師兼會計師）或擁有法律、會計雙學位的人來說明。但「雙師」或雙學位並不是門檻條件，法官考慮人選，最重要的條件是專業性和獨立性。會計鑑識專家必須具有會計、審計、金融、數量分析、方法和法律等各方面的專長，並且客觀、公正、孚社會眾望。

> 會計鑑識專家必須具有會計、審計、金融、數量分析、方法和法律等各方面的專長。

法院審理與會計鑑定有關的民事訴訟案件，範圍很廣泛，包括，公司經營團隊的責任鑑定，企業價值認定的爭議，家庭、婚姻糾紛中涉及財產價值的認定，及人民與政府的租稅行

政救濟案件等，後者在我國是由行政院把守行政訴訟最後一關。根據稅捐稽徵法和行政訴訟法的規定，人民的租稅行政救濟始於複查歷經訴願再訴願，終於行政訴訟；在進入行政訴訟程序前，救濟案都在政府行政部門中審理，以書面審理為主要，很少有會計鑑定，通常政府只要引用自己所發布的某一號（行政命令）解釋函，就足以兵來將擋，水來土掩，一般人要在複查、訴願、再訴願程序中打贏官司，實在不容易。

俗話說，法令多如牛毛，法律本身其實還好，由法律衍生出來的行政命令才真的多如牛毛。每號解釋函都是通案執行，而不知有無法律授權？或由法律衍生出是否允當？最重要的是，有無違背人民依法納稅的終極精神：租稅法定主義與行政命令不得逾越法律？個案中的納稅義務人因為不服，行政救濟官司沿路打到底，而在行政體系裡，這是通案執行的行政命令，大多會一路捍衛到底。只有在行政法院的法庭中，法官才有機會從納稅義務人（和其律師、會計師）陳述中，檢討人民依法納稅的真正精神和平衡正義之所在。此時，法官為發現事實真相和真理，可以傳喚會計鑑識專家上法庭作證，藉由專家說明的證據和事實，判斷課稅所得和非課稅所得如何界定，才能符合租稅法定主義的精神，而免落入政府可能犯下「創造命令，顛覆課稅事實」的錯誤。

以上所述都屬會計鑑識專家的主要業務之一，提供原、被告和法院三方的訴訟協助（litigation support）；除此之外，會計鑑識專家當前熱門的另項業務是進行會計調查（investigative accounting），依據美國會計師公會的定義，所謂會計調查是蒐

集、分析、評估證據和事實，來解釋、說明會計真相
（finding）。

關於會計鑑識專家的會計調查業務，和公司的內部稽核、
會計師的審計業務重疊又互補，彼此間如何發揮分工又能融
合？的確為各方關注。恩龍案後暴露了投資人和債權銀行期待
會計師的審計能夠揪出財務弊端，而會計師卻認為審計工作不
是為查核弊端而設計。審計（audit）的確不能與偵查
（investigate）相提並論，這也是國內會計師界說「查帳不等於
查案」的原委，這種對審計效果的期待，顯然出現了落差鴻
溝。美國會計師公會也因此於2004年7月發布「會計調查，審
計和公司治理：彌合鴻溝」的討論備忘錄，公開徵求各界意
見。

美國會計師公會徵求意見的提問包括：

1. 第99號審計公報（和其實務指引）是否足以偵測財報舞
   弊？

2. 會計鑑識專家可否介入審計過程？若然，其範圍、程度如
   何？

3. 對公開發行公司和非公開發行公司，會計調查的必要性有
   無區別？

4. 會計調查是否只限於偵測「詐欺性財報」，而不及於「挪
   用資產」（misappropriation of assets）？

5. 公司內部稽核或董事會下的審計委員會運用會計調查的條
   件和範圍為何？

6. 會計調查工作會傷害簽證會計師的獨立性？

7. 會計鑑識專家的認證和進修訓練制度如何規劃？

8. 美國會計師公會若進一步推動會計鑑識專家制度，則簽證會計師擔負「未能查出財報舞弊的法律責任」的風險為何？

9. 實施舞弊查核有成本考量，就如同審計簽證，成本效益觀點將影響上述各點的答案？

在實務上，會計調查已經有別於例常的審計程序，公司財報出現異狀，可能由公司內部（內部稽核、審計委員會、監察人或其他）或外部（簽證會計師、主管機關或其他）來發動，執行比一般審計更深入的偵查程序，包括：(1)蒐集資料，過濾已公開文件、調查基本背景，例如，對於進銷貨的供應商、客戶，必須實地訪查，了解資金流程，以發現疑點；(2)分析、比較，運用財務報表的垂直分析、水平分析、比率分析，並用同業（平均）法，競爭對手，或前後期去作比較，以發現異常；(3)檢討、評估問題所在（red flags），及所採用的證實測試和其強度；(4)約談公司員工、財會人員及管理當局。

會計鑑識專家並不能取代簽證會計師的角色，只是當財報有警訊出現時，例外施予舞弊查核的程序。

美國會計師公會希望見到會計調查及舞弊查核能夠彌合投資人、債權銀行與會計師間對於審計期待的落差，並認為確保財報資訊品質的主要責任仍在簽證會計師，會計鑑識專家並不能取代簽證會計師的角色，只是當財報有警訊出現時，例外施

予舞弊查核的程序，額外花費的查核成本（時間與人力）也很可觀。投資人必須有所覺悟：為確保財報品質優良，是要付出相當代價的；只能在查帳成本（或調查成本）和財報弊案代價之間，兩害相權取其輕。

會計調查業務在各地剛興起不久，目前加拿大有北美法務會計師協會（Forensic Accountants Society of North America, FASNA），美國也成立了全國法務會計師協會（The National Association of Forensic Accountants, NAFA）。會計鑑識專家的主要業務，無論是訴訟協助或會計調查，其業務性質都帶著強烈的公益和公信色彩，故這個行業的執業規範、專業資格素質和會員自律、執業倫理的要求必須高規格。本文建議相關單位及早進行蒐集、研究有關資料，以準備迎接這個業務在台灣的萌芽。

36 中華銀財報上的故事

老鼠跟貓玩躲貓貓的遊戲，貓對老鼠說：「躲好，尾巴不要露出來……，對，就這樣。」遊戲就這樣玩下去，一直到老鼠說不玩了。

解讀中華銀行秀在「公開資訊觀測站」上，長達十多年（1994年至2006年第三季）的財報訊息，是件龐大的工程，要把它說清楚，也非本文能力所及。本文只敘述這些訊息中的幾個小故事。

舞廳老闆申設新銀行時（1991年），連王聖人也擋不住，於是，中華銀行於1993年開始營業。舞廳和銀行畢竟行業特性不同，勉強要用「蓬恰恰」的調子經營銀行，他的手法便是：多設立「自己人」公司（136家），這些公司分為三大類：關係人；人頭（紙上）公司；既非關係人，亦非人頭（紙上）公司的公司。然後，讓大眾（存款戶）的資金流入這些帳戶，不要多久，這些帳戶之中，就開始有無法償付本息的情事，在中華銀裡產生不良債權（Non-Performing Loan, NPL）。

　　後來，在政府「一次金改」的名號下，中華銀開始打呆帳，出售不良債權，這時另一組「自己人」公司（上述第三類公司）出面承購中華銀的不良債權，價購金額占債權總數的比率可以低到0.5%（1億元的債權，出價50萬元就買到）。而這些出售不良債權的帳面損失，法令還允許分五年攤銷。

　　一開始（1994-1998），中華銀的財報上便顯露警訊。1994年，它的匯兌貼現和放款總額570億元，營收（利息收入）53億元，毛利（存放款利差）16億元，毛利率（利率差）30.18%。到了1998年，匯兌貼現和放款總額1,325億元，營收117億元，毛利29億元，毛利率24.78%。1997、1998是中華銀較健康的兩年，但卻顯示：放款雖大幅增加（成長750億元或131%），利差則未增加（最高為29億元），利差率則由30%降至24%。在1998年之前，國內一年期定存利率在7%以上，利率水準沒有明顯走跌，中華銀這種現象顯示其放款品質明顯惡化，而增加的放款中，也有部分已經進了自己人公司。

　　這時，中華銀財報上秀出的關係人包括：中國力霸、友聯、東森和力華票券。而財報附註裡則同時秀出主要的關係人交易有「放款」和「存款」兩項，關係人存在中華銀款項約95億元，利率為13%；相對地，中華銀放款給關係人約33億元，利率在5.7%至9.3%間。關係人這項到2006年半年報中，揭露了「中華人身保代」、「翊豐」、「聯豐」三家公司和「其他」，關係性質則只註明「實質關係人」五字。此時，彼此的交易成為：中華銀放款給關係人48億元，利率2.935%至18.25%，關係人則存中華銀14億元，利率7.16%。此外，中華

銀出售給關係人的不良債權額度為72億元，價款則為2.9億元。

　　財政部可能從2002年開始，同意銀行出售不良債權的損失，不必在當年全部認列，而可分五年來攤銷。以上述半年報為例，2006上半年中華銀出售不良債權實際損失69.2億元，當年可能只認列13.8億元，餘額55.4億元則放在其他資產項下。在2006年第三季報上，這種出售不良債權未攤銷損失高達232億元，此時它的股東權益合計才114億元。

　　行政命令扭曲了一般公認會計原則，中華銀在2006年第三季末淨值其實是負的118億元。事實上，以此原則追溯可以發現，中華銀最遲在2004年底淨值已轉為負。扭曲的行政命令讓中華銀多拖了兩年，地雷終究還是爆掉。

　　但是，上述財報所揭露的，大多與「自己人」帳戶中的第一類和第三類公司有關，也大都是中華銀財務掏空現象的結果。上述不良債權的處理不需贅言，即便關係人交易一項，存放款利息的計算固有利於關係人，而不利於中華銀（形同用大眾資金貼補自己人），但還不致於搬出資金（在早期，甚至關係人存入者多，中華銀貸款給關係人者少）。總之，在財報上肯揭露的，常常非致命部分。

在銀行財務惡化的過程中，會有個臨界點，過了臨界點後，政府的監理投鼠忌器，已經進退失據。

　　那些致命性的，也就是從中華銀搬出資金給上述第二類（人頭）百餘家公司，可能用放款的名義，然後成為不良債權，這些不良債權又賣了出去，所有這些訊息在有關年度的財

報上，統統無法顯現，而這些掏空中華銀的因，可能有很多的
交易係安排在最近兩年內進行。房子垮下之前，老鼠知道要搬
家，不是嗎？

　　這個故事也告訴我們：在銀行財務惡化的過程中，會有個
臨界點，過了臨界點後，政府的監理投鼠忌器，已經進退失
據。

37 剖析開發

　　近年來，擁有股東人數高達六十萬的開發金控新聞不斷，經營團隊也換個不停，但有個共同點，迫於經營績效壓力或其他原因，每年都做出以百億元計的各種投資，子公司開發工銀以投資為業，帳上千億元的投資到底情況如何？許多股東很關心，想要清楚了解。

　　偏偏開發的高階人員似乎不願讓投資損益明細透明化，在2003年以前的報表中，長短期投資損益都有投資對象的明細，但在2004年半年報上卻把長短投資個案投資損益全部合計，外界無從閱讀損益明細。資訊無法透明，開發的高階人員為此辯護的理由是：怕影響被投資公司。

　　開發自2001年以來，長短期投資家數從三百七十八家（2001年）提高到五百二十八家（2004年），投資總金額一直維持在1,000億元（超過它的資本額）的水準，投資報酬率從13%（2001年）轉為–7%（詳如表37-4）。

　　最讓外界納悶的問題是，為何開發自2001年起一連三年每

年都打消百億元計的投資損失、投資跌價損失和呆帳損失，且每次都對外界表示：這是最後一次了，乾淨了。2004年的經營團隊包括一流的金融世家、一流的公司治理法律人才和一流的財務長，又說：這回總算乾淨了。乾淨到甚至有媒體報導說：這個團隊在洗大澡嗎？

但事實是如此嗎？為便於前後期比較，筆者以開發工銀報表上已知的數字來看問題：開發的報表已經允當表達（雖然透明度不足）？或者有洗大澡嫌疑？或者不然，只洗到腳拇趾而已，身上還有很多「仙」？茲分四個問題說明如下：

一、自2001年至2004年上半年，長短期投資資金來源品質如何？

如表37-1所示，開發四年來每年新增長短期投資分別為：208億元（2001年）、248億元（2002年）、109億元（2003年），及150億元（2004上半年），其中，2001、2002年屬劉掌

表37-1　開發工銀現金流量科目表

單位：新台幣億元

年度 項目	2001	2002	2003	2004（半）
本期淨利（損）	121	75	(138)	(67)
來自營業活動之淨現金流入（流出）	100	115	(3)	48
投資活動之現金流入（出）	(211)	(254)	(3)	(130)
融資活動之現金流入（流出）	110	143	18	81
註：	（增資100）	（增資210）		

資料來源：整理自公開資訊觀測站。

櫃時期，2003年屬陳小姐時期，2004年則屬現任經營團隊，由表37-1可以看出薑還是老的辣，因為：

1. 2001、2002年的新增長短投資來源分別來自現金增資（2001年有100億元；2002年有210億元）及來自營業活動的淨現金流入（2001年有100億元；2002年有115億元）。劉掌櫃並未因長短投資讓開發流出一毛錢，可是當時高價認股的股東，卻可能因後來證明的投資失敗，打消損失，影響每股盈餘，股價下跌而套牢。

2. 2003年新增投資僅109億元，規模為這段期間最小的，可能是因當年大虧138億元，而不敢太過積極，投資資金來源是從收回放款中籌措，整體而言，2003年是開發療傷止痛的一年，資產規模也隨之縮小。

3. 2004上半年新增投資已達150億元（抵銷舊案處理減少20億元後，淨額為130億元，如表上數字），主要資金來源是舉債增加81億元和來自營業活動現金48億元。2004年已屬舉債投資的一年，若以此速度換算全年，2004年若出現新增300億元的新投資，也不叫人意外。從連續三年該公司都因投資損失百億元的狀況來看，不知該公司有無分析投資業行業趨勢？（詳如後述）

二、長短期投資報酬及每年損益內容如何？

1. 營收內容分析

大致上收入有四大來源：利息收入、買賣債券利益、投資股利收入，及處分投資利得。自2001年至2004年上半年營收

表37-2　開發工銀損益科目表

金額：新台幣億元

年　度	2001		2002		2003		2004（半）	
項　目	金額	比率	金額	比率	金額	比率	金額	比率
營業收入	216	100%	148	100%	90	100%	52	100%
利息收入	56	26%	41	28%	31	37%	14	27%
買賣票券利益	7		21		12		9	
投資股利收入	8		6		9		6	
處分投資利得	141	66%	73	49%	28	31%	21	40%
營業支出	82	100%	79	100%	230	100%	120	100%
利息支出	28	34%	20	27%	15	6%	6	5%
投資損失（權益法認列）	2		10		41		21	
投資跌價損失（長短投LCM）	11		11		89		87	
提列呆帳	22		21		67		0	
EPS（每股盈餘）	1.54		0.87		(1.67)		(0.79)	

資料來源：整理自「公開資訊觀測站」。

逐年下降看來，開發在當時是衰退型公司。利息收入大約占30%，這個部分看天吃飯，非開發所能決定，他們是價格接受者，也不是開發的業務重點，存放利差約2%，也顯示開發在這方面並不具高競爭力。買賣債券利益占營收百分比更少。投資收入、股利收入往年都很少，金額很少、占比也很少。歷年來，占營收最大比率的處分投資利得，自2001年至2004年上半年，每年各有141億、73億、28億、21億元的收入，占比分別為66%、49%、34%、40%，這個趨勢告訴我們，除非投資對象大賺錢、股份大漲，否則，開發可能已經把金雞母賣得差不多了。這些金雞母，可能是1990年代配合政府輔導科技電

子行業時購入。

2. 營業支出分析

(1) 投資損失：列在這個項目，表示用權益法認列轉投資公司的損失，金額從2001年的2億元提高至2004年上半年的21億元，單單一個上半年就認列21億的轉投資損失，到底是哪些公司呢？

(2) 投資跌價損失：列在這個項目，表示長短期投資對象中上市櫃公司有市價可循，因而在會計報表上用成本市價孰低法入帳。所提列的損失從2001年11億元，上升至2004年上半年的87億元，為何愈來愈大？因為愈來愈多被投資公司上市櫃後，市價一直跌，遠低於投資成本。

(3) 提列呆帳：每年提列呆帳金額為22億、14億、63億、0元，報表上說2004年上半年不提列呆帳。那年底呢？

三、2001年至2003年所打消的呆帳、投資損失、投資跌價損失是否已足夠？

1. 為何在這段期間開發每年必須提列那麼大的損失？一方面可能顯示其投資決策有問題，另一方面也暴露國內證券市場的困境。在股票未上市櫃前以過高的價格介入，上市櫃後卻因國內的證券市場上，股票的需求者（資金供應者）已達飽和，除靠外資外，已無突破困局的機會，而外資又屬熱錢居多，行蹤飄忽，來時如風，去時亦如風（到總統府喝完茶後，照賣）。反觀股票供應者（資金需求者）卻想盡辦法要在市場上籌資，市場上基本供需情況告訴我

們：要不跌還真難。對此，以投資為業者逃不掉如開發所面臨的困境。

2. 如上所述，2004年上半年開發並未提列呆帳（往年都有）。光所認列的投資損失（權益法和LCM法合計）就有108億元。開發過去所擁有的金雞母曾讓它風光過，進入二十一世紀後的投資案則考驗著它的專業能力。

3. 判斷開發所打消的投資損失、投資跌價損失是否足夠的因子有二：

(1)已投資對象的經營是否轉虧為盈？能否有效處置無望的個案？前者操之於人，後者亦須考慮變現性問題。

(2)對新增投資案的專業決策品質。

四、開發的資產負債淨值情況如何？

如表37-3所示，有幾個數字具有顯著意義：

1. 淨值一年少於一年，都是由於認列損失的緣故，可見投資成敗是未來關鍵。

2. 長期投資漸增，占股本比率也由110%增至114%。

3. 這段期間每年在這科目上都打消鉅額損失，科目餘額之所以不減反增，是因新增投資案緣故。

五、長短期投資的明細揭露，是否足夠透明？

如表37-4所示，讓人關切：

1. 整體投資報酬率從13%（2001年）降為–7%（2004上半）。

表37-3　開發工銀資產負債科目表

年　度 項　目	2001 新台幣億元	2002 新台幣億元	2003 新台幣億元	2004（半） 新台幣億元
現金	0.86	3	15	2.8
短期投資	99	102	115	138
同業拆放及在央行存款	159	172	235	228
放款	763	821	616	563
長期投資	931	1010	982	1,056
資產總額	2,008	2,205	2,179	2,048
負債總額	660	702	833	761
股本	845	930	930	926
各種公債	414	572	592	451
長投跌價損失	(8)	(54)	(16)	(8)
股東權益總額	1,347	1,502	1,345	1,287

資料來源：整理自公開資訊觀測站。

表37-4　開發工銀長短投科目表

長短投金額與家數	2001	2002	2003	2004（半）
長投（新台幣億元）	930	1,010	982	1,056
短投（新台幣億元）	98	102	115	138
家數	378	421	413	528
會計處理方法（家數）	**2001**	**2002**	**2003**	**2004（半）**
權益法	35	38	40	36
成本法	342	380	369	416
成本市價孰低法	1	3	4	76
長短期投資報酬（新台幣億元）	**2001**	**2002**	**2003**	**2004（半）**
賺	149	79	37	27
賠	13	23	130	108
淨賺（賠）	136	56	(93)	(81)
投資報酬率	13%	5%	−8%	−7%

資料來源：整理自TEJ、公開資訊觀測站。

2. 投資家數愈來愈多。

3. 投資對象後來上市櫃者也愈來愈多（即表中採成本市價孰
   低法者），而這與投資損失愈趨鉅額的趨勢似乎一致，顯
   示投資決策當時所設定的「投資對象一旦上市櫃，即可獲
   利了結」的前提受挫。

　　投資人急著要看開發的長短投損益明細，但這項明細被蓋
住了，無法透視財務報表令人遺憾。

　　巴菲特曾說過：「報表編到讓投資者看不懂時，報表本身
的公允表達就有問題。」

　　讓我們再以恩龍案做為本文的結束：在恩龍案中共有一千
五百七十八個特殊信託帳戶（Special Purpose Entity, SPE），而
恩龍的財報附註中也僅僅說明上述這句話就交待過去了，結果
特殊信託帳戶成為恩龍發生大問題的關鍵。開發在2001年至
2004年上半每年都發生財務震撼，這也難怪對於愈想遮蓋的部
分，大家愈想看清楚。

38　從財報看博達案

　　台灣的證券市場，不管是發行市場或交易市場，都是許多築夢者的天堂、投機者的樂園，二十多年前，本地報紙曾形容它為「吃人市場」。在主管機關和市場監理單位的努力下，近年來這綽號原已不復聞，尤其是 1998 年國產車等地雷股案以來，台灣證券市場六年來平安無事。不料，博達現金蒸發案引爆，「吃人市場」的陰影重新籠罩台灣證券市場。

　　監理證券市場有三大支柱。第一個支柱是透明性（transparency），亦即充分的資訊、確實公開揭露財務性資訊和必要的非財務性資訊。在這支柱裡又可分為：上游為公司內部財務報表編製人員；中游為公司內部管理（控制）人員；下游為公司外部審計人員，即查核簽證會計師。

　　第二個支柱是獨立性（independence），包括公司治理、內部機制運作與權責，及有關人員的利益衝突與迴避。最後一個支柱則是究責性（accountability），即敢做敢當，誰錯誰負責。

　　前兩項支柱的精神是自律、自制（discipline），當自律、

自制無法維持並被破壞時，通常會有受害者產生，此時端賴他律救濟，包括循行政、司法的途徑，犯錯人員須負起行政、民事和刑事責任。在民事責任方面，當前歐美地區股東行動主義興起，股東不再沉默；在我國，財團法人證券投資人暨期貨交易人保護中心，可以行使團體訴訟，已有勝訴案例。

由博達案引發許多面向檢討台灣的證券市場環境與問題，包括：會計與財務報表、公司治理、市場監理、投資人保護，以及會計師查核簽證與責任等。本文限於篇輻，只談博達的會計與財務報表，本案是否有人玩弄會計戲法？63億元現金究竟流向何方？博達多年來的會計、財務報表究竟反映了什麼？又隱瞞了什麼？投資人若用心閱讀博達的會計、財務報表，到底能發現什麼？又有哪些事情無法釐清？

首先，63億元現金到底怎麼了？筆者同意葉銀華教授在〈為何帳上的現金會蒸發？〉[1]的分析：「現金」可能是搬銀行的錢給會計師查驗，現金可能是虛幻不實的，為何必須搬現金秀給大家看？動機可能是「股價」和「籌資」（從該公司會計、財務報表長期所顯現出來的訊號，可以更清楚了解）；另一方面，從會計借貸原理來看，現金為借方科目，如果虛幻不實，相對就有一貸方科目也是虛幻不實，最可能的會計科目是收入。也就是說，歷年來收入被灌水的部分可能也有63億元之多，而且可能集中在2000至2002年三個年度，即該公司股價的高峰、該公司在國內籌資的高峰與帳上營業收入的高峰，都集中在這三個年度。

博達設立於1991年3月，主要經營砷化鎵磊晶片（聽說國

內沒幾個人懂）和資訊家電，該公司2003年度產業別財務資訊顯示，前者屬「化合物半導體事業處」，用將近100億元的資產產生14.4億元的收入，卻虧損6億元，問題可能就在此。公司股票於1999年上市，本文從「公開資訊觀測站」（http://newmops.tse.com.tw）抓取該公司1994至2003（共十年）年度及2004年第一季財務報表資料，並以1999年度為分水嶺，分1994至1998（上市前五年），及1999至2003（上市後五年）兩群，彙總重要會計科目如表38-1所示。

從甲群組會計、財務報表看來，該公司成立後第四年（1994年）還處在創業維艱的階段，股本才3,500萬元，營收2億多、毛利率12%、每股盈餘（EPS）0.98元、固定資產4,000多萬元。此後三年，大致維持一個中小企業應該有的樣子，貌不驚人。自1997年起，該公司的營運活動有蠢動的現象，可能是啟動了新產品生產線，該公司於竹科園區設廠，1997年開始量產，產品線正是微波元件磊晶；也可能已開始了股票申請上市櫃準備，也許已啟動了承銷輔導前置期，上市前美化帳面的現象在1998年度財報中，很明顯表現在毛利率大幅提高（15%提高至22%），每股盈餘由穩定的每股1.37元提高為2.84元。另一方面，1997、1998兩年度原始股東的現金增資分別為3億餘元和6億元，兩年內使股本膨脹了四倍，不過，這種膨脹跟2004年的博達比起來，還算「小事一件」，也不致釀成禍端。

整體而言，該公司1994至1998年度會計財務報表顯示：經營團隊此時還算安分守己。不過，仔細分析1997、1998兩年度報表，還是發現一些徵兆：

表38-1　博達1994至1998年甲群組（上市前）重要會計科目

（金額單位：新台幣千元）

	1994	1995	1996	1997	1998
流動資產	100,614	168,089	460,269	701,518	1,332,348
長期投資	15,817	16,531	19,376	23,134	28,803
固定資產	42,195	69,097	191,752	451,498	1,352,443
資產總額	160,630	257,274	719,285	1,297,984	2,943,361
流動負債	106,277	153,774	384,175	589,443	899,845
長期負債	13,390	28,415	85,671	96,643	658,958
股本	35,000	60,000	190,000	417,500	759,250
股東權益合計	40,963	75,085	247,924	608,168	1,378,104
銷貨收入	215,678	360,068	574,172	835,763	1,873,122
毛利率	12%	14%	14%	15%	22%
營業利益	11,605	18,113	31,962	56,111	265,707
本期淨利	3,582	8,791	17,102	48,246	174,747
EPS（元）	0.98	1.38	1.27	1.37	2.84
營業活動之淨現金流入（流出）				(7,009)	(204,528)
投資活動之淨現金流入（流出）				(275,777)	(1,254,443)
融資活動之淨現金流入（流出）				464,837	1,425,240
現金增資				309,000	600,000
長短期借款				155,837	827,311
本期現金及銀行存款淨增加（減少）				182,051	(33,731)

資料來源：公開資訊觀測站。

首先，營業利益在1997年度約為5,600萬元、1998年度約為2.6億元，但在公司現金流量表上卻顯示，營業活動造成現金分別流出700多萬元和2億多元。博達的報表一方面告訴大家：它賺錢，另一方面也告訴大家：所賺的錢沒留在公司，反而還得貼錢？尤其是1998年度，情況更加明顯。

這種不正常現象的答案可能是：現金、應收帳款、票據及營收中有一部分金額可能有問題，而這種戲法一直沿用下來，會計師直到2003年度，要公司刪除部分應收款，原因可能是被灌水，其實這些帳戶餘額和手法已經延續多年。

其次，流入公司的現金主要來自於投資人（1997、1998年辦理現金增資共取得資金19億元）和債權銀行（許多銀行開始對博達提供長短期借款，兩年內使該公司取得10億元現金）。這使公司不致失血，但也開始了「博達是錢坑，投資人和債權銀行必須不斷向裡面丟錢」的泡沫化活動。

第三，化合物半導體的建廠可能須長期燒錢，博達自1997年開始，擴廠投資活動加速進行，固定資產不斷膨脹，此時（1998年底）公司之固定資產約13億元已是五年前的三十二倍，但若與後面的五年比起來，它才剛開始。

第四，經營團隊喜歡金融創新，在1997、1998年帳上已出現占流動資產相當比率的「附買回政府公債」和「開放式基金」、「股票」。以後，在1999至2003年度財務報表中開始不斷出現衍生性金融商品投資，2001年度以後公司更利用發行海外可轉換公司債、美國存託憑證（American Depository Receipt, ADR）來籌資，乃至於與銀行簽訂信用連結債券（Credit

Linked Notes, CLN）的合約等，都讓人覺得經營團隊似乎相信投資理財比本業活動賺得快。

最後，上市前五年報表顯現出博達較樸素的面貌，博達營運模式可能是：大量向投資人和債權銀行籌資，用於擴廠與轉投資，若行有餘力，則玩玩金錢遊戲；至於本業活動，並未為公司帶進現金，同時，似乎也沒發現金股利給股東過。

自乙群組（1999至2004年第一季）財報所露出的徵兆則更豐富，該公司股票1999年12月掛牌上市，在1999至2002年度中，博達從國內資本市場籌取資金約170億元，包括現金增資約120億元和發行可轉債約50億元。另外，同期間又從銀行借得62億元，兩者合計約232億元。

資金用途為何？該公司資產總額全盛期為2002年底的234億元（1994年底的資產總額才1.6億元），主要的財產配置在於固定資產膨脹，2002年底達102億元，以及長期投資。

1999至2001年度銷貨收入和每股盈餘不斷成長，提供投資人「本夢比」想像空間的合理基礎；不過，自2002年以後，博達就「露了餡」。

可能也自2002年起，公司開始玩起「搬現金給大家看」的戲法，2002年底該公司現金增加25億元（與前一年底比較，以下同），2003年底增加13億元，2004年第一季底再增加9億元。事實上，該公司自2002年度開始，無論是營業活動、融資活動都每況愈下，而且必須用發行美國存託憑證來償還海外可轉換公司債，公司內部可能已估計出2004至2007年共須償還銀行長期借款57億元，由該公司美國存託憑證發行案觸礁後，

很迅速的向法院提出重整申請這件事看來,公司可能自知,無論如何過不了關。這些現象提供大家的資訊是:起碼自2002年起,在博達內部認為「搬現金給大家看」的必要。

公司帳面上賺錢,但是營業活動造成淨現金流出的現象一直延續至2001年度,反而是不太賺錢的2002年度和虧損的2003年度有淨現金流入。原因有二:(1)應收票據帳款增加;(2)存貨增加,干擾了營業活動的現金流量。

自2003年起,國內開始有銀行向博達收回銀根,當年度該公司長短期借款淨減少8.9億元。

用博達過去十年的重要財務資訊(如表38-1、表38-2),即可描繪出一段「築夢者在台灣」的故事:

創業家在1991年以500萬元成立公司,三年後公司小有局面,也掌握了幾個帳戶(應收款-非關係人)做為代理經銷用,不過,未曾認真對這幾個應收款帳戶進行催收。1997年,公司在新竹園區設廠,進入化合物半導體事業,開始長期燒錢,籌資來源是股市投資大眾和債權銀行。1998年起,準備讓公司股票上市,開始美化帳面,主要方法是利用前述幾個應收款帳戶,在銷貨過程中加價(mark-up),所以從1998年度開始,營業毛利率由15%提升至22%,每股盈餘也很漂亮的從以往的1.3元成長到2000年度的4.8元。

最重要的是,上市前後不到五年,公司辦理大量現金增資,以時價發行,公司股價則被推向高峰,經營團隊的持股數水漲船高,並趁股價高峰時脫身,財富暴增。

在1998至2001年度,利用應收票據及帳款、存貨兩科目

表38-2　博達1999至2004年乙群組（上市後）重要會計科目

（金額單位：新台幣千元）

	1999	2000	2001	2002	2003	2004 第一季
現金及銀行存款	193,654	2,148,395	1,683,057	4,196,961	5,421,191	6,301,953
短期投資	41,363	50,000	1,512,135	1,335,386	352,751	357,604
應收票據及帳款	974,129	1,679,987	3,459,805	2,888,900	1,386,003	816,364
應收關係人	146,755	233,112	49,559	136,416	96,698	107,588
存貨	657,389	769,446	1,093,582	910,720	500,477	215,527
長期投資	225,790	1,653,912	4,070,508	2,158,377	2,137,976	4,194,970
固定資產總額	2,274,244	5,589,784	6,054,597	10,277,820	9,302,566	4,792,986
資產總額	5,094,848	12,785,347	18,549,871	23,402,173	20,264,802	17,357,332
流動負債	1,836,434	3,494,478	3,337,250	3,456,718	6,228,539	6,292,095
長期負債	845,396	1,788,893	2,401,605	5,424,201	5,023,215	3,140,612
可轉債			3,095,848	2,904,123		
股本	1,116,000	1,652,000	2,667,958	3,428,847	4,631,201	4,631,201
資本公積（股票溢價發行）	935,500	5,015,500	6,242,225	6,020,261	6,570,634	6,570,889
股東權益合計	2,413,018	7,478,649	9,696,618	9,890,073	7,563,969	7,663,153
銷貨收入	4,061,489	7,033,611	8,171,950	6,459,032	4,321,183	862,317
毛利率	18%	20%	20%	17%	5%	17%
營業利益	442,021	962,249	1,232,605	454,330	(3,125,407)	40,279
處分長短期短資利益	0	0	42,069	88,519		50,536
處分長短期短資損失	30,650	88,675	112,063	147,007	331,023	207,108
營業部門稅前淨利	311,516	753,498	909,405	(112,828)	(4,006,708)	100,086
本期淨利	341,344	747,378	938,993	154,585	(3,673,010)	100,086
EPS（元）	3.35	4.82	3.68	0.44	(10.43)	0.23
營業活動之淨現金流入（流出）	(330,266)	(97,747)	(191,974)	926,146	118,934	1,093,590
因應收票據帳款增加（減少）	430,946	796,929	1,675,551	398,178	(1,138,801)	1,020,273
存貨增加（減少）	376,736	112,057	324,136	203,613	348,117	240,863
投資活動之淨現金流入（流出）	(1,073,577)	(4,990,072)	(5,008,388)	(865,502)	575,517	(382,663)
融資活動之淨現金流入（流出）	1,423,568	4,735,024	7,042,560	2,395,586	529,779	238,507
現金增資	700,000	4,320,000	1,615,631	0	0	0
發行可轉債（減少）	0	0	3,075,315	1,702,250	(305,945)	0
長短期借款	723,969	2,725,973	55,288	2,762,397	(896,081)	41,155
本期現金及銀行存款增加（減少）	19,725	1,954,741	(465,338)	2,456,230	1,224,230	949,434

資料來源：公開資訊觀測站。

美化帳面，2002年度以後，則轉移至現金帳戶。所經營的事業並沒有從公司外部賺錢進入公司（事實是每年貼錢）。所以，幾年來雖然籌資近300億元，長期擴廠、轉投資與營運貼錢的結果，已經逐漸形成資金的巨大缺口，必須發行海外可轉換公司債償還銀行借款，然後發行全球存託憑證（Global Depositary Receipt, GDR），來還海外可轉換公司債。

在此東支西挪的期間，又與國外銀行簽訂信用連結債券合約，這詞聽起來很像「財務金融工程創新的衍生性商品」（聽來滿莊嚴的），探究本質，該合約可能含三個基本要素：

1. 博達在該國外銀行開立一透支帳戶，以博達的應收帳款帳戶為擔保。
2. 該帳戶可隨時應博達通知，由銀行撥入所指定金額。
3. 唯上述款項所有權屬銀行方，必須在博達的應收款收到後，才能動用。

所以，結果是：搬現金秀給大家看。

看電影的人都知道，每一齣戲，每一套腳本，都有結束的時候。故事總有結局，電影終會散場。

本文無意從事財務報表分析，教人「懂得閱讀財務報表以保護自己」，而是想藉檢討博達一案（以會計、財務的觀點）揭露幾個問題：究竟台灣資本市場的會計環境出了什麼差錯？博達是否只是個案？

財務報告必須具備及時性、攸關性和可靠性，這些優良品質的創造與維護殊為不易。如前述，與財務報告品質有關的上

游，是一群公司內部的商業會計事務處理人員和財務報表編製人員；中游是公司內部控制、稽核執行人員；下游是公司外部審計人員。除了市場監理單位以外，這三群人是要擔負起維護財務報告品質重責大任的人。

財務報告必須具備及時性、攸關性和可靠性。

另一方面，自恩龍案以來，國內外許多金融市場上重大醜聞，都因老闆們操縱會計、玩弄會計戲法、操縱盈餘，而傷害無數投資大眾和債權銀行，並污染金融市場環境。所以，當務之急是如何加強這三群人於必要時與惡老闆對抗的意志和能力。由博達在幾年內曾換四任財務長和會計師可看出，有些人曾與其對抗，但未成功，終至弊端爆發。也就是說，市場監理機制尚未賦予這三群人足夠的訓練、配備和力量。

在現行的證券管理制度、法令下，主管機關對中游和下游人員的規範可稱詳盡，卻對上游人員，也就是對公司內部的會計、財務人員，從財務長到主辦會計，並無必要規範。例如：執行業務的專業能力、持續進修、資格認定和職業倫理守則等，都付之闕如。

2004年4月證券交易法最新修正第174條（罰則規定）增列第6款規定，在公開發行公司所公告的財務報告上簽章的經理人或主辦會計人員，為財務報告內容虛偽之記載者，處一年以上、七年以下有期徒刑，得併科新台幣2,000萬元以下罰金。在新法下，公司內部財務報表編製人員須負擔虛偽不實編製之刑事責任，主管機關和有關單位應該推出配套措施，以避免落入「不教而誅」的情況。

許多人認為，對於公開發行以上的公司，凡有機會對社會公眾籌募資金者，其商業會計事務處理人員、財務報表編製人員和內部稽核人員都屬社會公器，也應該肩負起為社會投資大眾看緊荷包的責任。他們應該具備一定的專業能力資格、專業能力證照，持續進修法令與職業倫理遵循的能力。主管機關為博達案亡羊補牢，這些工作應該盡快進行。

【註釋】

[1] 《經濟日報》，93.6.29，第2版。

第四篇

證券金融

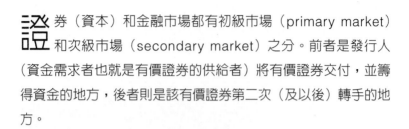

證券（資本）和金融市場都有初級市場（primary market）和次級市場（secondary market）之分。前者是發行人（資金需求者也就是有價證券的供給者）將有價證券交付，並籌得資金的地方，後者則是該有價證券第二次（及以後）轉手的地方。

凡市場必熱鬧，形形色色，都足以提供人們茶餘飯後談論的題材，證券金融市場向前邁進也帶動了人類文明的發展。

市場裡各種力量相互激盪，這些力量大抵可歸納為兩股：自律和他律，他律的力量來自於司法機關和行政部門的主管機關、監理機構，以及其他來源（例如媒體）。

39　全球金融市場風雲變色

　　股票市場在牛市裡，大家都很高興，問題是：牛市久了，不知不覺就走進泡沫（bubble）中，而泡沫久了則避免不了一場雪崩（crash）。如何分辨是處於泡沫和即將雪崩？

　　套用前美國總統雷根教人民分辨經濟不景氣和經濟蕭條的話，他說：「經濟不景氣就是你的鄰居中有人失業了，而蕭條則是連你也失業了。」以這句話的邏輯來看，「股市泡沫就是你的鄰居都跑去買股票了，而雪崩發生前，連你也栽進股票市場。」

　　2007年2月股災開始於亞洲，波及歐洲及美國，反觀1987年10月黑色星期一的股災，則源於華爾街，歐洲、亞洲因而受累，真是「二十年河東，二十年河西」。這次的股災到底是空頭市場的開始？還是多頭市場下的一次拉回？

　　判斷的標準是：若屬拉回，幅度應在7%至10%之前止住；否則，空頭市場的整波跌幅，在成熟市場是可高達25%至40%，在初生之犢的市場，幅度則更高。索羅斯（George

Soros）在接受倫敦《金融時報》（*Financial Times*）專欄「高手觀點」（View from the Top）專訪時，談及此刻中國、印度這些股市新興市場勢頭正猛，全球股市一時騷動（shakeout）難免，空頭市場則未必。

這次股災起頭發生於2月27日在上海股市，金融界人士探討股災發生的可能原因有三：(1)市場的動能（momentum）走向，華爾街諺言中，有這樣的形容：「市場到頂，因為它到頂了」、「市場向南走，因為它往南」；(2)上海股市傳出課徵證所稅之說，引來當天股市重挫8%以上；(3)國際間許多基金操作以日圓為基的利差交易（carry trade），引發騷動造成股災。

股市泡沫就是你的鄰居都跑去買股票了，而雪崩發生前，連你也栽進股票市場。

何謂利差交易？大致上，它必須符合下列幾項條件：(1)以某一幣別為目標（target），通常選的是利率升息走向落後的幣別，過去六、七年來，日圓一直採零息政策，日圓弱勢（weak）為金融界共認；(2)投資人（以對沖基金為主）看日圓弱且無息，因此放空日圓（也就是向銀行貸借日圓），並折換成高利率貨幣（如美元5.25%或歐元3.5%），持有等額的強勢貨幣資產，也有部分進入新興股市；(3)雖然部位有兩隻腳（作空日圓，作多美元），這組合卻不屬套利（arbitrage）交易或價差（spread）交易。事實上，兩腳同時冒風險。

利差交易兩隻腳均猜單邊（猜日圓相對於其他外幣，利率續走弱，匯率也續走弱，另一邊不管是美元或歐元則走強），所以它是兩組投機（speculation）的交易，猜對方向，利率、

匯率雙贏，猜錯則雙輸，而且這種交易通常都用高財務槓桿倍數（可以高達十倍以上），採保證金交易的方式進行。

由此可知，風險極大，在國際間原本只有避險基金（hedge fund）敢嘗試，日子久了，連一般的共同基金（mutual fund）也投入了，估計目前全球投入這種交易的總額，可能高達1兆美元以上。

日圓長期維持零利率的歷史，讓許多基金未警覺上述的高風險事實存在，然而，日本央行分別於2006年7月、2007年2月15日兩次宣布調高利率各0.25個百分點，使日圓利率離開零利率區，此舉觸發（trigger）基金經理人那條風險的神經，開始要回補日圓。此外，一些新興市場（如印度）也已經漲得不像話，趕快獲利了結轉為日圓資產的調整，因此助長了日圓強勁走勢，不管放空回補，或外幣資產組合的重新調整，這兩股力道在國際間互相旋出一股氣流，隱隱遙指日圓強、美元弱的趨勢。

全球股、債、匯市混為一體，跨幣別、商品別、時區全天候交易。任何風吹草動，豈止是「幾家歡樂幾家愁」可以形容。如果說權力就是影響力，那麼，當前最具影響力的人物非美國聯準會主席伯南克（Ben Bernanke）、歐盟央行總裁特里謝（Jean-Claude Trichet）及日本央行總裁福井俊彥（Toshihiko Fukui）這三位先生莫屬，他們掌握的權力甚至超越國家領導人。

40 亞洲證劵市場誰具王者相？

　　《華爾街日報》曾持續報導亞洲的證劵交易市場，例如，中東的熊市（2006年4月）、上海證交所的電腦當機（2006年3月），及東京交易所的電腦當機（2006年1月）。

　　崛起中的阿拉伯股市，包括杜拜、科威特、阿不達比，拜油元之賜，短短三年間股市翻了三倍，但自2006年2月以來這三地市場重跌了三分之一。有趣的是，全天下的菜籃族都一樣，科威特的散戶在3月下旬上街抗議，要政府設法救股市，結果當地政府調縮漲跌幅從10%至5%，完全是台灣的翻版。其實，油元是地球上最熱燙的錢，估計有3,000億美元以上（約合10兆新台幣）在阿拉伯市場翻攪，澎湃激盪的力道非凡民所能抵擋，阿拉伯油元是世界各地金融市場極力吸納的對象。

　　上海證交所野心勃勃要在世界舞台爭一席之地，宣布自2007年春天起，啟用一套全世界證券市場中最具威力的電腦系統，這套系統具有四大特性：(1)可以用瞬間最大的速度撮合，

每秒撮合一萬六千筆交易，超過紐約證交所的一萬三千筆；(2)
記憶容量可達十四個 terabytes（一個 terabyte 等於一千個
gigabytes）；(3)可以處理複雜的金融商品交易，除股票、債券
外，包括權證、期貨、選擇權各種衍生性商品，以電腦撮合的
難易度來講，各種跨式交易（如價差、套利等）要能同時完成
這種交易的兩隻腳撮合，又不拖累市場整體的撮合速度，並不
容易；(4)可以同時全面監視市場上三千萬個帳戶的交易情形。
CNN 的各地股市指數視窗憑實力排列，台北最近已被韓市超
前，若不加油，總有一天被上海取代也就不足為奇。

東京證交所自 2005 年年底以來，一連串的電腦當機和烏龍
錯帳，已經導致東京證交所總經理下台，也暴露東亞地區證交
所營運的競爭力不足。包括南韓股市綜合指數（The Korea
Composite Stock Price Index, KOSPI）、東京證交所（《華爾街日
報》忘了提到還有台北），都將該國的航空公司和證交所當成
國寶，不容外人染指，在層層保護下，反而忽略了經營效率。
其實，目前全球經濟最蓬勃發展的國家都位於本區，最有競爭
力的大企業也在本區，但這地區的大企業在本地掛牌的效益卻
不大，反而常常出走到其他市場去募資。

另一方面，像澳洲、新加坡、香港、馬來西亞各交易所本
身的股票，已在本地或外地掛牌上市，華
爾街因此問東京證交所為何不考慮在紐約
證交所掛牌，甚至於與紐約證交所合併？

世界各大證券市場的整合已隱然成為潮流，而且發展成兩大支。

大哉問。原來世界各大證券市場的整合已隱然成為潮流，
而且發展成兩大支，紐約證交所可能與德國期貨交易所

（Deutsche Boerse, DTB，先前已與瑞士交易所完成合併），那斯達克（NASDAQ）可能與倫敦證交所（London Stock Exchange, LSE），然後這兩支勢力又分別將眼光投向東亞地區。各地交易所整合的兩大任務包括：(1)建置市場撮合的共同平台，這可藉電腦系統連線來完成；(2)公司的併購，這面臨有些市場組織是會員制，必須先改組為公司組織的挑戰。

　　台灣的證券市場正在推動四合一組成控股公司，即在四個證券周邊單位（證交所、櫃檯買賣中心、期交所、集保公司）上架設一個控股公司，這樣的架構對經營效率和成本面是加分或減分？而它最有意義的電腦系統整合為一，則是最具挑戰性的艱巨任務。此外，台灣上市櫃企業的掛牌費率偏低，以致上市服務的品質也偏低，在國際間評比也就失去了質感。

　　其實，台灣在推動市場改革前，最需要做的是先自問：我們要關起門來自己玩，還是要融入世界潮流？如果考慮後者，那在尋求與紐約證交所等談合作時，我們的利基在哪裡？策略目標又在哪裡？

41 政府護盤，
出手早不如時機巧

　　政府關心股市，當然是好事，畢竟股市反映的是中產階級的實力。

　　但是，政府施政常常有失之太遲（time lag）的問題；出手拉股市時，則通常都失之太早（timing miss）。

　　以下講幾個政府護盤的故事：

　　1974年，石油危機衝擊股市，當時的主管機關經濟部頻頻出手，全年共推出五十幾道措施，平均每週對股市打一支強心針，結果導致股市從500多點跌到180點才止住，大部分的措施都無法止跌，但對來年的暴漲，則起了興奮作用。

　　1989年，當時主管機關財政部長郭婉容有意以復徵證所稅止住股市狂飆，結果重擊股市，從8,800點一路跌到5,600點，才由證交所總經理宴請券商救股市，雖一度讓股市彈到7,200點，後來，空頭市場結束時，股市仍以4,700點作底。

　　1990年，政局紛爭重擊股市，從12,000點沿路下跌，王建煊部長在漲市時（8,000點）對股市的金錢遊戲不以為然，熊

市下來到3,400點時，王部長仍然忍不住首次動用勞退保基金救股市，最後股市再跌1,000點，空頭市場結束在2,400點。

2000年，政局紛爭打擊股市，從10,000點下跌至8,500點時，許嘉棟部長就首次動用國安基金救股市，後來，股市跌到3,400點，總算結束空頭市場，國安基金也賠了一水缸鈔票。

總括四次歷史經驗，政府都在下跌路上的山腰處開始救

股市漲跌由市場本身決定，股市方向要看它的內涵動能，不會隨政府的指揮棒起舞。

市，其中以1989年政府不費吹灰之力效果最好，事後也證明，救市時位置離谷底最近。相反地，2000年最慘，不但砸了銀子，且政府在股市的觀音山凌雲寺位置就出手，當股市沿坡滾落到八里街上時，國安基金早就七葷八素。截至2005年9月股市最高只到7,200點，國安基金中那批救市股應還處在套牢中。

股市漲跌由市場本身決定，股市方向要看它的內涵動能（momentum），股市不會隨政府的指揮棒起舞。政府在動用資金救股市前，宜做好功課，避免太早敲鑼打鼓，反而壞事。

或許有人會說，政府聞聲救苦，下股海救股民，貼一點納稅義務人的稅金，也是為救天下蒼生，危急時刻出手，誰曰不宜？這樣想的人請再思：護盤這件事，面子和裡子的得失一致。換句話說，護盤成功時，既有了面子，也賺了裡子（國庫賺進一筆）；護盤失敗時，既無面子，也大虧裡子。在山腰處擋滾落的巨木，無異於螳臂擋車，不可不慎重為之。

挽救股市，先挽救投資人的信心。當前台灣股市投資人結構大約是：外資28%、本土法人基金22%、自然人約50%。讓

72%的投資人恢復信心並不難，看所站的位置而定，站在觀音山好漢嶺上或凌雲寺前，即便拿著強力麥克風急呼，八里街上的人們也無法聽到呼喚。來到山腳下，小發財廣播車來回兩趟，街上的人馬上匯集於廟市前。

巴菲特的股市理財術是：人棄我取，人要我予；在極度恐懼時買進，在過分貪婪時賣出。外資大賣反映市場的恐慌，但也顯露買的良機。

不論法人或自然人，兩年內可活用的資金，才是當前可以買股票的資金。沒有人可以知道股市的底或頂，但是，過去的二十年市場史顯示，台灣股市的空頭最長走十八個月，以目前這種位置，股市最差的情況是先下後上，來回不會超過兩年。

買什麼股票？買財報品質好、本利比低，及殖利率高的股票。在負利率的時代，股票投資是冷靜合理的理財選擇。

42 罪與罰：證券市場四大重罪

俄國文學家杜斯妥也夫斯基的巨著《罪與罰》(*Crime and Punishment*)中，男主角擁有大學法律系的學歷，在他殺了人之後，運用他的專業，避罪、避罰，卻逃避不了良知的折磨。這個故事告訴我們：法律是社會公約，罪罰是社會制約。然而，正義不必然會在法律程序中勝出而得到彰顯，許多罪犯常常因正義的怠惰，而免於受罰，僥倖脫罪。

證券市場有四大重罪（證券交易法第171條）：(1)虛偽、欺詐、隱匿（第20條）；(2)掏空公司（第20條）；(3)內線交易（第157條）；(4)在交易市場上炒作（或違約）（第155條）。稱它重罪，是因刑罰很重，犯罪所得金額在新台幣1億元以下者，處三至十年徒刑（得併科新台幣1,000萬至2億元罰金）；以上者，處七年以上徒刑（得併科罰金為2,500萬至5億元）。

所謂虛偽、欺詐、隱匿，是指：(1)有價證券之募集、發行、私募，或買賣行為，禁止「虛偽、詐欺或其他足致他人誤

信之行為」；(2)發行人申報或公告之財務
報告及其他有關業務文件內容，不得有
「虛偽或隱匿之情事」。第一種情況是在首
次公開募股或增資發行（含私募及相關的
買賣）中發生，犯罪者是行為人，層面涵蓋很廣；第二種情況
的犯罪人是發行人，所申報或公告的財務報告、年報、公開說
明書中，資訊不充分（隱匿），或不確實（虛偽）。

證券市場有四大重罪：虛偽、欺詐、隱匿；掏空公司；內線交易；在交易市場上炒作。

　　掏空公司的罪犯有兩種：第一種人是公司的董事、監察
人、經理人，或受雇人，第二種人是公司的董事、監察人，或
經理人（缺受雇人）。第一種人「以直接或間接方式，使公司
為不利益之交易，且不合營業常規，致公司遭受重大損害」；
第二種人「意圖為自己或第三人之利益，而為違背職務之行為
或侵占公司資產」。在這裡，含受雇人在內的第一種人反而比
較容易入罪，只要客觀的形式上：「公司不利益，遭受『重大
損害』，且不合營業常規。」幾乎可以說重大虧損的生意就可
能有人要被抓去關。公司裡的決策者反而不易入罪，必須證明
他有「意圖」為自己或第三人之利益才行，「知人知面不知心」
這句俗諺不正說明了要描繪人的意圖有多難嗎？

　　內線交易規範的對象有四類人士：(1)公司的董事、監察人
及經理人；(2)持股10%以上的股東；(3)基於職業或控制關係
獲悉消息的人士；(4)從上述所列人士獲悉消息者。前三類對象
相當具體明確，第四類則理論上存在，事實上法律嚇阻成分居
多。以上這些人知道公司有重大影響股價的消息，在消息公開
前，因買進、賣出該公司掛牌的有價證券而獲利。

在交易市場上炒作（或違約）的行為，包括：(1)報價後，有人承諾接受，報價人卻不實際成交或不履行交割（重大到足以影響市場秩序）；(2)意圖拉抬或摜壓股價，在自己或他人，或與他人通謀所設帳戶中，連續以高價買入或低價賣出；(3)意圖影響行情，而散布流言或不實資料（許多名嘴很容易觸犯）；(4)其他的操縱行為。

以上四類重罪，都和財報弊案有關，犯罪者直接或間接以虛偽不實的財報為犯罪工具。財報不實本身就屬虛偽、欺詐、隱匿，掏空公司之後也要設法在財報上掩飾，內線交易是資訊不對稱的時間差問題，在交易市場上散布不實財務資訊，更是烏賊戰術。

在現實中，「竊鉤者誅，竊國者侯」是指：對微罪者施以重罪、重罰，對罪刑嚴重者，卻讓他（她）脫罪、脫罰，享盡榮耀富貴。《罪與罰》中，男主角感嘆：在戰場上，拿破崙殺人千萬，成為英雄；他只不過殺了兩個人，卻心內不安，日夜難捱。請問法律：這是真理嗎？

43 不誠實的社會成本
——企業篇

　　富人很容易在證券市場和銀行，這兩個領域犯罪或觸犯法網，但許多富人卻不以為意。以證券市場為例，證交法第155和157之1條的意圖炒作（摜壓）股價和內線交易，都有刑責規定（證交法第171條）。詳讀這兩項條文並逐字釋義，除非法律不知所云，否則，許多人讀後可能要驚嘆：「天啊，那我成為罪犯了？」在銀行裡，許多事情若只顧私利不顧公義，並便宜行事，則諸如「背信」、「侵占」、「偽造文書」等罪將隨時伺候。最近幾個案例便是如此。

　　中信金案其實是老案，中信金想吃掉兆豐金，在過程中利用海外子銀行玩弄財務金融創新工程，再配以法律契約的包裝，機關則在所謂的紅火一元公司，這是高級財務弊案的標準手法（在華爾街，也許已習以為常）。基本上，它的性質和魔術師在眾人面前變魔術的制式戲法一樣，先要讓觀眾目眩神迷，然後把東西變不見（或變出來）。在中信金案中，魔術師將約10億新台幣屬於中信金應得的利益變不見了，紅火一元公

司介入（這是可被控制的），把這10億元接走了。問題的關鍵在於誰實質控制紅火一元公司，那10億元（2,000多萬美元）的流程走向，誰是最終獲取人？

富人很容易在證券市場和銀行犯罪或觸犯法網，但許多富人卻不以為意。

誠實是做人最基本的道德，在本案中，人性的誠實應展現在「為人謀，不忠乎」的自省，誰應該做這樣的自省？顯然是中信金內部當事人；另外，為「人」謀者究竟是為誰？中信金的幾十萬股東是也，包括外資和一堆菜籃族，中信金的當事人若因此A了人家10億元，鮮車怒馬走在街上，路人會覺得那人身上的光鮮，「我也投資了一份」。

外商渣打銀行收購竹企銀過程中，富邦可能涉入內線交易？從竹企銀的價量走勢圖（日K線）和信用交易紀錄可以明顯看出，它與收購訊息的掌握密切相關，攤開相關期間的交易人，去比對其身分是否屬證交法157號之1前三款所指的人，並辨別交易人和上述前三款人的真實關係，就可釐清是否構成內線交易。內線交易罪的民事責任（157號之1第二項）的認定和範圍的界定或有爭議，刑責成立則不難（證交法171條）。

台新金吃彰銀案大家記憶猶新，現在進行的一步是：在台新金主導下，彰銀召開臨時董事會，通過了台新金彰銀合併案的聘任專案財顧的遴選辦法，外行人看不懂這到底有何玄機，內行人則緊張不已。所以，公股才全體退席，而上述遴選辦法則在董事會召開進行的程序有瑕疵的情況下，強渡關山。

到底在緊張什麼？合併換股比例。公股和眾小股東（彰銀內非台新金的其他股東，約占75%以上），和台新金在此形成

零和賽局，比例的確重要。那只不過是一項專案財顧的遴選辦法而已，跟換股比例有何關聯？不管是彰銀方抑或台新金方的股東，那的確重要，而且本案往後走的每一步驟都很重要。

　　一年前，台新金買彰銀特別股時，當時公股持有彰銀18%的股份，為最大股東，為何卻拱手讓出彰銀董事會的治理權給台新金？其合理性和程序正義有無瑕疵，政府為人謀，有不忠乎？

　　讓大家再想想：上述三案的相關人等（包括政府），眾人委任讓他（她）們處理攸關大家財務利益的事情，過程中是否妥當？

44 內線交易就是詐賭耍老千

　　美國的賭城真多，拉斯維加斯、大西洋城、雷諾、芝加哥的船上賭場等，賭場內吃喝玩樂一應俱全，所有安排的目的都只為令人流連忘返，讓你心甘情願掏光口袋，再簽一張鉅額支票，最重要的是，下次只要有機會，還會再度光臨。賭場為什麼有這樣大的魅力？其中有項關鍵就在於，它讓人相信，沒人詐賭、耍老千。

　　一被發現在賭場上詐賭、耍老千，通常會立即遭受不客氣的對待：被請去經理室說明、撐出場、剁手指等（電影、電視影集常有這樣的情節）。

　　股市猶如賭場，也最忌諱有人耍老千。從證交法第171條（刑期三至十年）可以看出，股市中有四大老千：(1)虛偽不實、詐欺、隱匿訊息（簡稱做假帳，其實它的範圍很廣，不限於財務報告，凡公開說明書、年報等都包括在內），詳參證交法第20條；(2)在市場上炒作，詳參證交法第155條；(3)內線交易，詳參見第157之1條；(4)背信、侵占、非常規交易（簡

稱掏空），詳參證交法第171條第一項第二、三款。

歸納起來，這四大耍老千純發生在交易市場者，是交易市場上的炒作，可能涉案的主角包括市場派（必須「大尾」到有了渾名、綽號）、基金、外資、法人等，有能力在市場上呼風喚雨的人，都必須注意其交易行為是否：「意圖拉抬或摜壓，而連續以高價買入或以低價賣出。」而能通過檢驗。

內線交易規定於同法第157條之1，和公司的利益歸入請求權（同法第157條），單從法條條次就可看出，兩者關係非常密切（雖然不盡相同）。

內線交易規範的對象有四種人：(1)公司的董、監、經理人；(2)持股大於等於10%的股東；(3)基於職業或控制關係獲悉消息的人；(4)從前三種得到消息的人。第三、四種人的規定有些抽象，實務上不易認定。第一、二種人就是公司裡的老闆、經營團隊。

什麼是內線交易？答案是以上這些人、在「獲悉」公司有重大影響其股票價格的「消息」時，搶在該消息「公開」前，進入市場買進（含融資）或賣出（含融券放空）。上述法條規定中，「獲悉」、「消息」、「公開」都是關鍵文字和入罪與否的判別門檻，也是漢文的文字障，一般讀者也許對「獲悉」、「消息」、「公開」的涵義不甚了解，把它們當作茶餘飯後的閒嗑牙，並不礙事。但對司法人員來說，面對一干人等要不要起訴、入罪、判罪，這些文字就一點也不好玩了。怪不得法務部長要感嘆，防治內線交易成效不彰，必須具體樹立違反證券交易法的構成要件。

本文建議，這些年來由行政部門移送的內線交易案件已非常多，政府不妨集中行政部門（證交所、證期局、金管會）和

這些年來由行政部門移送的內線交易案件已非常多，多上課可以幫助老闆們趨吉避凶。

司法、檢調人員，及法學界孚眾望人士的代表，就所移送的案例逐條檢討，找出入罪的門檻，並用清晰、具體的文字表達，以落實「罪刑法定主義」。

其實，內線交易在股市四大耍老千之中，不論對市場、投資大眾的傷害，抑或以犯罪的敗德程度而論，都幾乎敬陪末座。以敗德程度而言，內線交易者是「早人一步得到消息，然後……」，「死道友，不能死貧道」固然不符江湖道義，可是符合人性中自私自利的那部分。責人以聖賢的標準，調子有些高。相對而言，「做假帳」、「掏空」或「炒作」就惡形惡狀多了，都是以損人利己的條件耍老千（內線交易是只顧利己，日頭赤炎炎，各人顧性命，不是嗎？），並以訛詐作工具、手段（內線交易者則根據真相做決策基礎）。

以市場受害程度而言，掏空和做假帳都會造成全面性的致命損害（公司倒閉，也危及市場系統安全），炒作更是顛覆市場，「我為刀俎，人為魚肉」，不顧市場死活。至於內線交易（利益歸入那部分），有一定的範圍，例如，報載新光金2002年涉嫌內線交易案，一干人等共賣出三萬張新光股，價差若以2003年6月20元至2003年底10元的最大範圍論，每張不過10,000元，三萬張合計不過3億元。

但是，既然列為股市四大耍老千的手法之一，也是證券交易法刑期最重的第171條的四大罪，就要講究一定的執法績

效，徒法不能自行，法規定在那，而「士以文干法」且能從容脫罪、避罰，其實是畸形現象。另一方面，對於老闆和他（她）的經營團隊，也不能視證交法第157條之1和171條規定於無物，如果他（她）們不懂規定，主管機關可以針對這項辦些法令講習課程，多上課可以幫助老闆們趨吉避凶。

45 台新合併彰銀，猴子與狒狒

　　我跟戴立寧先生一樣，暑假下雨天，待在家裡看Discovery、國家地理頻道，最常看的節目是「狒狒、猴子的世界」。

　　有一幕是來過台灣的「狒狒學博士」珍古德夫人，學狒狒語言跟人打招呼，讓人很感動。這一幕也使我領悟到《莊子・大宗師》提到：「真人（我們之中絕大部分的人都是假人）走入虎兜群中，虎兜也不會傷她。」信哉斯言。

　　在我的眼中看來，近來生活在台灣這塊土地上的人，無論國會廟堂之上、螢光幕裡，抑或滾滾紅塵中的販夫走卒，都像極了狒猩猴類，不同的是牠們大部分時間都花在為彼此理毛、抓蝨子，我們則大部分時間都彼此相向以怒目。

　　話說有一隻老狒狒，統治一片林子久了，竟生出倦勤之念，便思考著如何把牠的統治權賣個好價格，也好全身而退。牠想到的辦法是招親、從外面引進一隻雄壯威武的狒狒，然後從旁協助轉移統治權，最後，自己就可得到個好價錢，離開這

林子。最近舉辦的相親大會很轟動，金毛狒狒也來參加，結果相中的對象，眾人一看：原來是一隻小猴子，那一身毛還是向鄰居借來貼上的。

彰銀是一家老行庫，股價在1990年以前曾風光一時，當時每股到1,100元，僅次於國泰人壽的2,000元。彰銀在2001年至2005年間股價最低為11元，最高為26元，平均價約為15元。

截至2005年上半年底，彰銀資產總額1.28兆元，股東權益淨值675億元，普通股發行48.1億股。其中，全部董事持股結構為財政部7.57億股占15.27%、一銀1.69億股占3.41%，其他民間董事包括張董事長持股0.06%、高雄

> 無論國會廟堂之上、螢光幕裡，抑或滾滾紅塵中的販夫走卒，都像極了狒猩猴類。

陳家持股0.84%、其他董事0.51%。董事會上，除了官股合計持股占18.68%以外，民間董事持股僅占1.41%，凸顯出「經營權代理」問題，官股這隻老狒狒整天跟自家幾隻小猴子玩，後來便覺得沒趣。

彰銀的經營問題不複雜，只有兩個問題：一是帳上列有品質不良的放款（逾放、催收、應予觀察合計）共987億元，已提列備低呆帳111億元，「打呆缺口」約876億元，如積極處理這些不良放款，上述缺口會進一步縮小。彰銀最大的經營問題是官股抓不準其方向，想要一走了之。

台新金走消金路線，2005年上半年每股盈餘1.48元、資產總額1,047億元、股東權益淨值740億元、普通股發行44億股、全部董事合計持股3.8億股占8.64%，明顯可見在台新金控內也有「經營權代理」問題。

台新金這回以每股26.12元取得彰銀發行彰乙特14億股（在未來一至三年年內可以1：1比例換成彰銀普通股）。為此，台新金可能要舉債或發行公司債、特別股募集資金365.85億元，若然，台新金資產總額將達到1,400億元，負債總額約660億元，普通股股東權益則不變。

　　進一步來講，這批彰乙特占彰銀普通股比例約為22%，為台新金持有，在台新金內部，董事持股占8.64%，折合約當台新金董事會占彰銀持股比例1.9%（22%×8.64%），和彰銀目前民間董事持股比例1.41%一樣低。兩者的代理經營問題都非常嚴重。也就是說，財政部推動的這一步棋，可能有其他政策著眼處，但在改善彰銀的「經營權代理」問題方面，則沒進展。

46 廖添丁與台新金

　　台灣民間流傳著百餘年前義賊廖添丁的許多故事，其中一則是：有一天，廖添丁走在街上肚子餓了，走進一間麵店，向老闆點了二十個餃子，隔一會兒又改變為一碗麵，後來，廖添丁吃完麵後便要離去，老闆攔住他，以下是他們之間的對話：

　　「先生，您還沒付帳？」

　　「付什麼帳？」

　　「您吃的麵還沒付錢。」

　　「那是我叫的水餃換來的。」

　　「那水餃錢呢？」

　　「水餃我又沒吃！」

　　「……」

　　廖添丁揚長而去。

　　這種詰問，跟一句台灣諺語：「用伊的土，塗伊的壁。」同樣道理。

　　最近，台新金認購14億股彰銀特別股（三年內保障年息

1.8%），總金額365億餘元，台新金說它打算用發行公司債來募集這筆錢，吳董事長說，這筆投資讓台新金未來三年內每年花10億元，就能擁有彰銀（1.28兆資產和其他資源），很划算。這句話在沒理清意涵前，相信許多人都要陷入上述故事中的水餃換麵的詰問情境。

觀察台新金的損益表，吳董事長的話只說對了一半。台新金持有彰乙特每年產生的2.5億元的稅前股息收入（140億元×1.8%），另一方面，台新金為此付出的利息成本每年約12.5億元（以年息3.5%計，365億元×3.5%）。結果是，在不考慮其他因素的情況下，這筆投資在台新金的損益表上，每年的利息淨差約10億元。付出這樣的代價後，讓台新金可以經營彰銀，所以，吳董事長認為很便宜。然而，從損益表的觀點來看，這件事還沒結束。

台新金持有的彰銀特別股不是普通的特別股，而是很特別的特別股，它擁有表決權，加上財政部同意的配套條件，讓台新金將來無論在彰銀的董事會，抑或經營決策上，都擁有重大影響力，符合財務會計準則公報第5號「長期股權投資」，採用

企業談投資決策，通常以現金流量分析為本。但是，會計必須本諸經濟實質，加強風險控制。

權益法做續後評價的條件。如果是這樣，彰銀在未來三年內若繼續打呆帳，產生淨損（彰銀2005年上半年本業賺錢，因為打消呆帳，每股虧損1.8元，約83億元），必須依持股比例認列在台新金的損益表上。

在台新金的資產負債表上，資產方長期股權投資和負債方同時增加365億餘元，股東權益則未變。台新金如何安排這筆

投資的現金流量？短期內，台新金必須從金融市場上籌得365億餘元，流入彰銀的帳戶，資金來源為何？台新金近期內籌資頻頻，先後募集發行特別股、公司債和全球存託憑證，這些金融商品在發行時，或隨後在交易市場流通時（11月以後彰銀改選董事會，台新金正式取得對彰銀的控制力），彰銀若參與購買台新金所發行的金融商品，彰銀的資金將回流台新金，而在編製合併報表時，這些內部交易將進行沖銷，便凸顯上述「用伊的土，塗伊的壁」的效果了。

　　企業談投資決策，通常以現金流量分析為本。本案的投資決策判斷，以台新金的立場而言，有許多法律契約（形式）的安排，可以讓現金流量變得對台新金極有利。但是，會計必須本諸經濟實質，本案的經濟實質面關鍵在於，台新金入主彰銀以後，如何加強徵信核貸的風險控制，有效處理帳上的不良品質放款，並循彰銀原來的利基路線加以發揚光大，如此對彰銀原股東有利；此外，思考如何訓練、輔導加強彰銀員工的生產力、提升業務競爭力，如此對彰銀員工有利。若這兩點都做到，那麼對台新的所有股東、員工來說，便皆大歡喜。

47 空談道德重整，
不如強化監理

　　先秦《詩經》約三百零九篇，孔子為它下了一個按語：
「曰思無邪。」就是，「不要想歪了」。這真奇怪，現代人讀這
三百零九篇詩，所看到的無非是：兩隻在河邊沙洲上啾啾叫的
小鳥（好像也沒在親嘴）、割草、採野菜的姑娘、太太或老
婦，忙碌的馬車夫，愁苦的阿兵哥，朝九晚五的公務員，天上
的小星星、北風等，就是看不到限制級的畫面。倒是，孔子的
按語如果讓電影導演李安用在奧斯卡得獎感言：「斷背山，一
言以蔽之，曰思無邪。」大約會鎮住眾多老美，包括傳統基督
教徒在內。

　　孔子的思無邪，如果不指男女情色方面，而用在現代資
本、金融市場方面的道德基準，引申為「不要動歪腦筋」，這
句話醍醐灌頂的效果十足。

　　在資本主義發達的社會，必然產生資金聚集（pooling）的
現象，這現象具兩特性：(1)所有權分明，以資（金）為本，錢
是老大，金錢有它的主人，不會搞混；但是(2)這種資金的集

合，說是以法律契約委託為基礎，卻常常處於幾近盲目委託（任）的狀態，金錢的主人則有如一群柔順的羔羊（帶點貪圖小利的渴望），不會太挑剔牧羊人是誰，有時候牧羊者正巧是一群餓狼，或是一隻獵豹。

大多數情況下，牧羊人被冠為「專業經理人」、「經營團隊」、「執行長」、「白領階級」等，凡是有「代理人問題」的角色都是。他（她）們通常不會惡形惡狀有如餓狼，但也逃不開人們以「道德危機」（moral hazard）的有色眼光檢視。

「道德危機」這詞自2001年美國恩龍案以來，重新引起世人重視。在世界各地的資本市場、金融市場上，無論公司治理、財報弊案、會計資訊品質等許多方面，環境裡若聞到道德危機的氣息，內控、外部審計、市場監理等

> 孔子的思無邪，做為現代資本、金融市場的道德基準，可引申為「不要動歪腦筋」。

各環節機制，馬上面臨考驗，羔羊們立即有存亡的危險。

判斷「道德危機」的標準在哪裡？再回到孔老夫子的言論，他說：「吾日三省吾身：一、為人謀，不忠乎？……」為人謀事，是否忠於職守？孔子曾經當過委吏（倉庫管理員），他說那個工作沒啥了不起，「會計當而已矣」——把帳目理清楚，定期盤點、核對存貨罷了。「會計」這兩字後來出現在筆者服務單位的名稱裡。

「為人謀事、忠於職守」是前述代理人簡明的、基本的職業守則（也是很容易被忘掉的，所以才需要「每日三省」）。值得注意的是，這種行為守則兼指正反兩方向：從正面看，不做虧心事；從反面看，所扮演的角色應作為的時候，不能以「不

作為」來對應。惡事當前，老董不擋，羔羊怎麼辦？

　　從市場監理的觀點來看，不必也無從檢驗前述代理人的思無邪，讓他（她）們的行為及其效果公開透明，是有效對策。例如，公司董事會決策時的議程、紀錄，乃至於開會過程的錄音、錄影存證，可以讓決策者的行為資訊透明化。另一方面，從資金流程、現金流向去查核，可以找到監守自盜的最終受益人。不管是行政部門或司法部門，若有決心如此做，辦個大案來立威、立法，可以扭轉讓市場敗腐的氣息、文化。

　　證券交易法第171條的四大重罪：(1)掏空公司；(2)做假帳；(3)內線交易；(4)炒作，都有道德敗壞的影子，而任何白領階級違背思無邪，並付諸行為，其犯罪態樣大都不脫這四大罪範圍。空談道德重整沒用，有效的司法、行政監理，可以讓道德重整立竿見影。

48 承銷新制 vs. 企業鑑價

報載行政院金融監督管理委員會推動改革我國證券承銷制度，新制三月一日上路，我國承銷市場出現重大變革。

我國證券商主要業務有三塊：經紀業務、承銷業務和自營業務。這三塊主要業務的發展，與台灣證券市場的歷史沿革有密切關聯，大體上可以這樣說：不管是證券市場或證券商，1987年以前是經紀業務掛帥時期，1988年至2000年是承銷業務掛帥時期，2001年以後是自營業務（金融資產管理和風險管理）掛帥時期。

證券承銷業務在台灣證券市場上曾經盛極一時，大約在1987年前後四年台灣證券市場上超級大多頭時，台灣的證券承銷商推出首次公開募股或現金增資（Secondary Public Offering, SPO）案時，排隊等著參加抽籤的長龍，可以圍繞重慶南路、襄陽路、懷寧街該區域三圈，參加每個承銷案的抽籤函件數以百萬計，當時每個新案中籤率低於1%，承銷商也單靠每件抽籤費收入30元就大發利市，部門盈餘勇冠全公司，到承銷商就

職成為大學會計、財金等系所學子的第一志願。

　　證券承銷商的好光景持續了十多年，進入二十一世紀後，卻一年不如一年。以2004年為例，證券承銷商為協助上市櫃公司籌募的資金，全年不到500億元，低於單一日的股票成交金額。另一方面，許多企業遠赴海外掛牌，或發行美國存託憑證之類商品，台灣本土證券承銷商能全程陪到底者幾希，大多扮演「地陪」角色──辦理一些在台灣募集發行有價證券的制式手續。

　　本土的證券承銷商在前述的黃金年代中，前半段靠抽籤手續費收入，後半段則靠包了一筆首次公開募股、現金增資股票，淪為在發行市場上做苦工，在交易市場上與股民爭利的局面，由於缺乏開創業務的專業原創力，彼此間業務同質性太高，顯露不出個體的核心價值和市場區隔來，進行削價競爭乃屬不可避免，這在所有缺乏競爭力的行業裡處處可見。於是，不向上市櫃企業收取上市櫃承銷費用，還倒貼為上市櫃企業掛牌首日刊登慶賀廣告的情況，也就見怪不怪了。

　　證券承銷商的服務，應提供哪些專業價值？以下是必備條件：幹練的承銷團隊，熟稔法規、行政作業；具備廣度、深度的配售通路；向資金供給者有效推介投資標的的信用和效能；價格發現的機能；協助上市櫃企業進行價格安定操作的能力；國際經驗；金融商品創新的原創力。這些是國際級的投資銀行、承銷商必備的條件，台灣的證券市場要在國際舞台上受到矚目，承銷商無疑地擔任了重要的前導任務，帶領本土企業走入國際市場，或帶領跨國企業來台掛牌，才能突破台灣證券市

場困在淺灘的窘境。

從此角度來理解主管機關推動證券承銷新制的宗旨，可以發現新制的精神著重於：(1)讓證券承銷的首次公開募股、現金增資的價格發現機能更有效率、更合理；(2)讓證券承銷商有更充分的專業發展空間，並承擔更重要的證券承銷責任；(3)導正證券承銷業務發展的方向。

> 台灣的證券市場要在國際舞台上受到矚目，承銷商擔任重要的前導任務。

在第一點，包括鼓勵上市前辦理現金增資發行新股、廢除承銷價「慣用公式」，而著重上市前試價由承銷商採競拍或詢圈方式，並發揮專業評價功能，及跟上市櫃企業的議價能力。此外，並配合掛牌首日的取消漲跌幅限制，讓市場盡快發現合理的價格。在第二點，則加強承銷的配售主導功能，並賦予承銷商可以過額配售（over allotment），也賦予上市後安定價格的責任。在第三點，則取消承銷商包銷制度，提高承銷商收取上市費用上限，加強承銷商責任和公會的自律規範。

在承銷商的專業能力所須具備的各項條件中，「價格發現」的功能最具挑戰性。一家原本默默無聞的企業，忽然間展現在社會大眾面前（go public），該用什麼價格問世？這涉及了專業的企業鑑價（corporate valuation），也涉及價值（value）和價格（price）兩個觀念，以及兩者之間的具體轉化。

價值是主觀的認定，價格是客觀的共識。發現企業的價值是鑑價專家經過嚴謹專業判斷後的任務目標，它的品質良劣影響太大，關鍵則繫於兩項條件：(1)經過認證、授證，擁有合格證照，具有公信的專家；(2)執行嚴謹且經公認的一定規格的鑑

價程序。

很顯然地，這個行業的成敗關鍵在於，是否做到「公信」（public trust），要為社會所公認，它的專業性和獨立性必須高

專業的企業鑑價涉及價值和價格兩個觀念，以及兩者間的具體轉化。

於會計師這個行業。事實上，專家所鑑定的企業價值，在公司股票掛牌上市後，會受到非常嚴酷的檢驗。價格是由市場供需雙方決定的，技術分析專家說價格反映一切（price discounts everything），當然也反映市場所發現的企業價值，如果說鑑價專家是諸葛亮，市場上眾多的供需參與者是眾多的臭皮匠，那麼，最近開發金三合一合併案中，標的物統一證券的市場價格16元多，代表的是眾多臭皮匠的觀點，鑑價專家堅持統一證券的價值有24.5元，代表的則是諸葛亮的觀點，結果匆忙中被請上場的諸葛亮還是沒能說服大家。

企業價值需要接受鑑估的場合通常發生在：(1)交易的目的，例如，企業間的併購案中，前述的開發三合一案便是；(2)訴訟的目的，爭產、婚姻訴訟中，所涉及的財產標的價值的認定；(3)課稅的目的，例如，遺產及贈與稅法中提到的估定、估價遺產贈與中的有價證券；(4)資訊充分揭露的目的，例如，財務會計準則公報第35號「資產減損之會計處理準則」，資產價值有無減損？須經過一定的鑑估程序，第34號「金融商品之會計處理準則」中部分金融商品也可能有必須鑑價的情形；(5)融資擔保品的鑑估價值，也是困擾銀行體系核貸放款的問題。

在這當中，交易、訴訟、課稅、融資擔保目的的企業鑑價，所涉及的兩造，不是買賣雙方（交易目的）或原、被告

（訴訟目的），便是政府與納稅義務人（課稅目的），或銀行與借款者（融資擔保目的），這些場合中企業鑑價的結果，還會在兩造間討價還價一番，有時候鑑價報告不被採納也不傷大雅，而其影響層面則限於兩造之間。為資訊充分揭露目的而為的企業鑑價，看似未涉及直接的商業利益，但它影響資訊揭露的品質，所造成的股價波動則可能更劇烈、深遠。

所以，金管會證期局最近正在公開討論「公開發行公司及其資產鑑價作業要點」（草案），緣由是依據證券交易法第36條、第36條之一、「證券發行人財務報告編製準則」及其他相關規章中，都有必須出具專業鑑價報告的情形，為讓這種鑑價報告有一定水準的品質，專業鑑價人員（符合該作業要點規定的條件）必須遵循該要點來進行鑑價作業，具體的說，它的適用範圍包括：公開發行公司間併購換股比例之計算；初次上市（櫃）承銷價格的訂定；取得或處分資產（不動產除外）或股權交易價格的評估；評估資產的公平價值。

為讓鑑價報告的品質有一定水準，專業鑑價人員應遵循要點進行鑑價作業。

此外，該作業要點（草案）對於專業鑑價人員的資格條件、鑑價的過程、方法，鑑價報告和工作底稿等也都有所規範，在會計研究發展基金會的網頁（www.ardf.org.tw）可查閱到。

在初上市櫃、併購換股、股權交易等案件中都有投資銀行或承銷商的影子，投資銀行和承銷商也大展身手，幫助買賣雙方和投資大眾發現企業的公平價值，而其關鍵就在於擁有專業鑑價的專家和能力。

49 這款革命像期貨交易

　　有金錢味的革命，已經不是原味革命，而比較像期貨交易。

　　美國芝加哥是全世界期貨市場的大本營，市中心就有兩家期貨交易所：芝加哥商業交易所（Chicago Mercantile Exchange, CME）和芝加哥交易所（Chicago Board of Trade, CBOT）。芝加哥商業交易所交易的熱門商品是標準普爾股價指數和四種重要外幣（英鎊、日幣、法朗、瑞士法朗）期貨；芝加哥交易所的熱門商品則以公債和穀物期貨為主，兩家交易所互別苗頭，爭著坐世界期貨市場龍頭寶座。

　　美國期貨市場（股票市場亦同）和台灣市場的交易方式不同，台灣採電腦撮合，美國仍沿用人工撮合，前者看不見「市場」的景象，（只看到撮合交易的機器），後者則市場味道十足。也因此，交易所的交易「廳」（floor），就不能用客廳的「廳」字想像，無論芝加哥商業交易所或芝加哥交易所，它們的交易廳都有三到五個美式足球場那樣大，廳內有六至八個交

易池（pits），上述幾種商品（例如，美國政府公債）各有一個特定的池來讓交易員（自營、經紀、帽客等各種身分都有）做交易。在池內，設計有如八卦圖，中心的圓點最深，八個方位分別有台階，愈往外愈高，讓期貨各種月份的交易代表站著。

在每日交易時間內，大家在池內比手劃腳，用手勢比著各種與交易有關的訊號（買或賣、單價、數量、口數等），交易對手也用手勢予以回應。池中擠滿數百人，氣氛緊張又熱烈，尤其每當聯準會有任何政策訊息透露時，剎那間，市場氣氛熱絡到極點，交易員的手勢幾乎齊一，齊買或齊賣，市場價格瞬間崩盤，猛漲或猛跌。

施明德在他的黃昏之戰——倒扁革命中，發明了一個倒扁手勢，很巧的是，這個手勢和美國期貨市場內交易員的手勢太雷同了，如果施大哥站在上述池子裡的坎（正北）方，那站在離（正南）方的人看了手勢，一定要理解到：啊，施大哥要放空期貨五口呢！如果全場的人都如施大哥所鼓動的，也做出同樣手勢，那將會市場崩盤（全部放空），價格一瀉千里。

現今少有人能體會1900至1910十年間的倒滿革命、1930至1950年的毛澤東革命，或1917年的俄國革命，也不知革命真諦。不過，革命和期貨交易好像有數個相同之處：(1)都是屬極高度的槓桿運動，革命是想藉由少數人的意志，鼓動大多數人民從事一項旨在推翻的運動，以槓桿原理運作（不是有句名言：給我一個支點，我替世界撐起地球）；期貨交易也是屬於以小搏大，財務槓桿倍數高；(2)高度的投機，在金融市場上指的是交易只做一個方向（或漲或跌，或買或賣），方向做對

了，贏；做錯了，輸。一翻兩瞪眼。革命也是如此，不是你倒，就是我亡。方向弄錯了，革命失敗會被斷頭，期貨交易也一樣，都符合上述投機的定義；(3)施大哥首創凡參加革命者，必須繳100元的先例，這100元（在韓國期市，這可以作1口選擇權交易）就是期貨交易的原始保證

革命是想藉由少數人的意志，鼓動大多數人民從事一項旨在推翻的運動，是槓桿原理運作。

金。在歷史上，革命充滿血腥；在台灣，革命卻讓人聞到金錢味。

只是，歷史上有名的革命人物，如華盛頓（美國獨立革命）、列寧、孫逸仙、毛澤東等人，都專心從事革命志業十幾年或二十幾年，幾乎投入半輩子，並持續到底，不見志業成就絕不縮手。最重要的是，這些人都未沾染銅臭味。以毛澤東為例，他一輩子不摸鈔票，身後也不留財物。

施大哥若想拉個人來比一比，蔣介石勉強可以算同一國，他們都是股票和革命兩頭做，不過，施大哥畢竟差人一截，蔣是先做股票，金盆洗手後去日本從軍，然後回中國參加革命。施大哥則是期貨交易和革命同期間進行。革命＋酒＋女人＋期貨交易＋革命，人生如此多采多姿啊！

根據民調顯示，台灣選民之中可能有高達82%（18%為鐵桿綠，除外）不反對倒扁（你不同意這句話？請閃過趙醫師滿抽屜的名錶）。問題是：革命必須激出人民的熱情（憤怒），用期貨交易的手法，行嗎？

50 還迷信外資嗎？

　　台語有句俚語：「近廟欺神」，意思是貴遠賤近、貴疏賤親，這句話與「外國月亮比較圓」、「遠來和尚會唸經」涵義相同。

　　證券市場上對於成交量結構，常常會有這樣的期待：「提高法人比重」、「引進外資」，甚至把證券市場國際化和引進外資加重外資比例劃上等號，把外資當成證券市場的救世主。

　　外資為國際間的熱錢，而不是聖誕老人，它永遠在找尋有利可圖的可泊港口。用《聖經》上的話說，就在找尋牛奶和蜜的地方。在外資眼裡，理想的資金可泊港口，必須是健全發展的市場，此外，擁有特殊吸引人的優勢條件愈多，愈能吸引外資。

　　台灣的證券市場究竟擁有哪些吸引外資前來的條件？有以下三點：

　　一、對證交所得免稅，而證券交易成本也不高。證交所得是資本利得，各國都對它課以所得稅，台灣卻長期（三十年來）

停徵證交所得稅，在世界上比較像樣的證券市場中，台灣這項優勢少有國家能比。此外，台灣的證券交易成本（含證券交易稅在內）也不超過千分之五，屬交易成本低的市場。

二、台灣的證券媒體和證券名嘴，大多崇拜外資，在這樣的市場裡，以外資為馬首是瞻，他主動、你被動，買賣股票猶如身處戰場，居主動一方的外資，已經是勝家「先為不可勝」了。

三、台灣的證券市場有政府四大基金外加國安基金，均背負「護盤」的任務在身，而護盤時常常是在七嘴八舌的情況下，如羚羊般被推下鱷魚池。遠的不說，2000年股價從10,000點高處跌到9,000點時，就有許多聲音催促要護盤。當時的許嘉棟部長也讓國安基金在8,500點處進場，結果當然慘不忍睹，那波空頭市場跌到3,400點才止住。「護盤」對外資來說，等於免費獲贈一個脫困的選擇權。世界上，這在哪可找？

近年來，外資進入台灣市場的資金，若以現金來衡量，有1,300億美元，占我國外匯存底的一半，若以所持股票的總值來計算，則占我國上市櫃公司股票總值的三分之一。因此，當股價指數在7,000點時，上市櫃公司股票總值約為18兆新台幣，外資所持的則約值6兆。當股價指數有一天上萬點，假設所有條件（例如外資投入資金、持股比、我國外匯存底、貿易順逆差、資本帳等）都不變，則一方面，

外資為國際間的熱錢，而不是聖誕老人，它永遠在找尋有利可圖的可泊港口。

上述股票總值將超過25兆新台幣，另方面，屬外資所有者超過8兆，假設外資出清所有持股，並以匯率1：33換回美元，則

我國外匯存底2,600億美元，將會被外資一口乾掉，乎乾啦。

　　若以外資所持個股來看，台灣的重要公司都已經是外資所有，例如，台積電（有72%的外資）；台達電（67%）；鴻海（50%）；各金控也都在25%至40%間。張忠謀、郭台銘其實都是專業經理人（被委任的代理人），而不是老闆。

　　當然，外資在台灣投資股票所圖的只是投資報酬，亦即資本利得（價差）＋股利＋利息的財務報酬總和，至於投資股權的另一項重大價值——行使股東權利，選出經營團隊，外資則尚未動用。這給國內的經營團隊一個重要啟示，在經營公司的同時，必須先安頓好外資，它才是真正的老闆。若運用得宜，小蝦米扳倒大鯨魚，也要靠外資助一臂之力，兆豐金民股鬥官股一役，就是一個開端。

　　外資是熱錢，它來買賣股票，很少有直接投資。不必拒絕，但也無須膜拜。

第五篇

公司治理

蓋茲、巴菲特和索羅斯這些企業人所捐的錢，幾乎等於台灣政府一年的總預算，這昭示世人：小政府大公司的時代已經來臨。

人類發明公司這種組織已經數百年，有三大項問題與它有關，也已經延續了好幾百年：代理人問題、財報詐騙、金融泡沫。其中，前兩項與公司治理（corporate governance）密切關聯。

隨時隨地都會有少數的老闆和他（她）的經營團隊，鬧出圖利自己、掏空公司、財報詐騙等問題來提醒世人，公司治理是值得長期關注的議題。

公司關起門來本身就是一個王國。如古埃及王國，有法老王（高階主管，包括董監事、老闆和其經營團隊）、祭師（中階主管，最重要的是財會部門的副總、經理級的主管）和子民（員工和低階主管，最重要的是財會人員）。在這裡，「最重要」的定義是：若不妥善管理，社會上有很多人都將蒙受其害，後果難以想像。

公司治理離不開人性，回歸基本面，也就是讓企業公民重視倫理道德和社會責任，才是公司治理有效的不二法門。

51 《莊子·人間世》vs. 公司獨立董事

　　人性貫穿時間長河、歷史長河。許多社會發展過程中產生的議題，其實與人性有關，在不同的時空背景裡，穿戴著形形色色的皮相，其本質始終如一。

　　在距今約二千五百年前，歷史上稱為春秋戰國的那個時代，大陸中原許多諸侯國正在進行攻伐兼併，消滅或被消滅靠的是實力與謀略，因此，侯王們願意延聘客卿，聽取富國強兵之道。老子、莊子、孔子、孟子和其他許多「子」都曾經求官、致仕，或與侯王對話，或被重用或隱仕。其中，最著名的一段是孟子與梁惠王的談話，孟子回覆梁惠王提出的如何富國強兵的問題，第一句話是：「王何必曰利……」。而延聘客卿最成功的當屬秦王，先後起用了商鞅、張儀、李斯等，終於消滅六國，一統中原。

　　如果把這些諸侯國比喻為公司，那麼，侯王就是董事長，客卿當屬獨立董事。客卿與侯王的互動，就如現代公司內董事長和獨立董事的關係。

《莊子‧人間世》有三則寓言，談到身為客卿在王侯面前如何自處，最典型的一則是顏回想去衛國求仕，因為衛國很亂，需要有人去說服衛王，施行仁政。套用現代思維，即顏回認為「衛」這家公司治理不當，老闆不善經營，股東權益不斷受害，股價直直落，他想去貢獻所知、所學，挽救「衛」公司，幫助其重整成功。顏回行前向孔子辭行，並報告意向。

　　客卿不是在地人，例如，商鞅是衛國人、張儀是魏國人、李斯是楚人，都在秦國而非其母國得到重用。另外，孔子是魯國人，周遊列國十多年，帶著有將才的子路、外交官人才的子貢等學生，希望在各國找到能夠器重他們的明君，對於客卿想在仕途出人頭地這事，深諳箇中三昧。聽顏回要去衛國求仕，連忙搖頭。

　　孔子提出以下三點理由勸顏回：「古之至人，先存諸己，而後存諸人。所存於己者未定，何暇至於暴人之所行。」（先求端正自己，再求端正別人，自己都還沒站穩，那有餘裕去管壞老闆在做什麼？）

1. 強要把公司治理這一段理論，拿去壞老闆前誇耀，等於以他人的惡行來彰顯自己的才能、美德，這將置公司裡原來的董監和專業經理人於何地？
2. 衛君（壞老闆）如果真是喜愛賢能，而厭惡不肖之徒，怎會輪到你去提出不同看法？
3. 這樣做可說是用水救水、用火救火，愈幫愈忙，如果一開始就順著老闆，只好從此永遠服從他；反之若未取得信任

就直言不諱，下場將很難看。

顏回辯解說他要在老闆面前「端而虛，勉而一，則可乎？」（正直、規矩又謙虛，努力、專業又忠誠，可以嗎？）孔子急忙說不可，因為「壞老闆內心壞主意即定，而且流露於外，喜怒無常，旁人都不敢違背他，這種人只求自己稱心快意，即使天天用小德去感化他，和他談談建立公司內部控制都不可能成功，更何況一下子就要跳到公司治理這個大題目？」

顏回又說：「既然這樣，那我保持內直而外曲，並且處處引用外國和尚的經語，例如經濟合作發展組織（OECD）的資深專家薩夫（Robert Zafft）、麥肯錫公司大中華區董事長歐爾（Gordon Orr）、道富全球顧問亞洲公司執行長杜漢文（Vincent Duhamel）、坦伯頓資產管理公司執行董事莫比爾斯（Mark Mobius），這些言語雖然是教條，實際上也都在譴責壞老闆，但這些話並不是我自己想出來的，像這樣，即使直言勸諫，應該也不會被責怪，這樣做可以嗎？」

孔子又急忙地說：「不，不可以，你用太多的機巧，卻不一定能達成心中的期待，不過倒也可以免罪……，頂多也只能做到這個地步了。」

顏回這回無言，請問老師：「敢問其方。」

「你還能怎樣呢？公司是人家的，是人家的財富在論輸贏，你一旦成為非股東、無持股的客卿，只能像鳥般進入公司的樊籠中遊玩，不要被虛名所惑，君王聽勸，你就鳴叫，不聽就住嘴。附和不要太露骨，牽就不要太過分，一切都因應順

隨，這樣就差不多了。」

很多人覺得藉著加強實施公司治理，可以讓好老闆提高經營績效，以及防止壞老闆使壞，為害股東和市場。有些人更進一步想到讓公司內部引進非股東關係的董監事（俗稱獨立董監），也許能夠實現上述目標。先不管道理上這樣的論述能否講得通，在實務上，惡名昭彰的恩龍案老闆肯尼士·雷伊（Kenneth Lay）

獨立董事制度的成敗取決於獨立董事的動機、知能經驗；老闆的意願；經營團隊其他成員如董事、經理人的調適。

首先就向世人證明，即使鼎鼎大名大學的教授（而且是會計學教授），即便是董事會中所謂獨立（很多人希望他們能超然於老闆的淫威之外）董事已經過半數，他硬是能為所欲為、操縱會計、操縱盈餘、操縱董事會，進而欺騙世人。

恩龍案在號稱證券市場最發達，監理機制、自律機制均稱嚴謹的美國發生，這已經向世人顯示：獨立董事制度要用來牽制壞老闆使壞恐怕沒那麼容易，恩龍案的反向思考是，「恩龍」那個樊籠中七、八隻優遊的知更鳥，反而在小偷竊取屋裡的東西時發揮功能，吸引住人們的目光，讓大家覺得一切沒事。這一幕也許也在雷伊老闆的算計之內。

如果要談道理，讓我們先面對人性，想想《莊子·人間世》的寓言。從人性面來看，有四項因素關係獨立董事制度推行的成敗：獨立董事的動機；獨立董事的知能經驗；老闆的意願；經營團隊其他成員（董事、經理人）的調適。

獨立董事制度為證券市場的成本，可能成為大部分企業的負擔，而不會真的讓公司治理進步。獨立董監要真正有助於公

司，關鍵還是在老闆。「梭羅（Lester C. Thurow）是美國人、邦菲（Sir Peter Leahy Bonfield）是英國人，都在台積電受到重用」。台積電成功的建立功能性董事會的案例絕無僅有。

對於大多數企業而言，寄望獨立董監事發揮促進公司經營效率、效能的代價可能很大，許多關鍵因素必須考慮。例如，獨立監察人與監察人、董事會下設稽核委員會的職能如何劃分？是否治絲益棼？獨立董事如何提名？如何同意任命？獨立董事的權責為何？公司經營團隊和經理人能容納獨立董事嗎？一連串的磨合成本將顯示獨立董事制度立意良好，卻不符合人性的設計。

> 推動獨立董事制度是健全公司治理的一環，而健全公司治理是健全證券市場發展的一環。

對於有機會就想使壞，操弄董事會、財務報表，掏空資產行五鬼搬運的企業大老闆，如何寄望獨立董監去防止、阻止壞事發生？大部分獨立董監候選人事前也會打聽，潔身自愛的人怕壞老闆，而不是壞老闆怕潔身自愛的獨立董事。《莊子》裡「螳臂擋車」的比喻，原在勸獨立董監不要不自量力。

獨立董監制度的推行，可以不必與外國或鄰國比較，恩龍案告訴世人，獨立董事可能是花瓶，如果沒有徹底檢討這個制度的成效，跟各國比誰家擺置的花瓶多，又有何意義？

推動獨立董事制度是健全公司治理的一環，而健全公司治理是健全證券市場發展的一環。在證券市場裡許多機制，無論自律或他律，各環節緊密相扣，必須全面健全發展，無法單單寄望於其中某個環節發揮神奇效果。

52 | 獨立董事制度有用嗎？

過去數年來，政府極力推動上市櫃公司設置獨立董事，對於這制度，社會大眾期待它真的能發揮功能。但真的發揮了嗎？

社會寄望獨立董事發揮的功能，主要有三項：

1. 有效監督老闆和他（她）的經營團隊，以落實公司監察的功能，這在國內公司監察人功能普遍不彰的情況下，大家的期盼更加殷切。

2. 在公司重大決策、財務面的督導，以及促進資訊透明化等兩大方面，扮演強而有力的角色。

3. 盡可能協助經營團隊提升經營效率、效能和績效。

獨立董事或者更清楚的說外人董事——既非股東、也非公司受雇者，更不是老闆或經營團隊的明或暗的關係人，而被選為公司的董事，進入董事會。這聽起來很像中國古代（尤其是春秋戰國時），各諸侯國的客卿，例如，孟軻初見梁惠王，梁惠王說：「老先生您不遠千里而來，是不是來獻策讓我得到鉅

大利益的呢？」

　　在外人董事進入公司前，公司的天平上一端擺著老闆和他（她）的經營團隊，另一端擺著其他小股東、受雇員工和債權人。外人董事若由老闆禮聘（實務上也無法不經由老闆禮聘），那麼在人性面上，古代智者莊子已經在〈人間世〉中說得清楚：「客卿是籠中鳥，想唱個歌也得先確定一下老闆的心情。」是鳥聽主人的，還是主人聽鳥的？如此一來，天平上就因為多出了一隻或數隻鳥，可能會向老闆那端傾斜。在某些特例下，老闆甚至可以將計就計，巧用獨立董事（遵循法律規定）發揮以小搏大，逆轉局面。

> 我國公司法具有大陸法系特色，形式上還是董事會、監察人各司其職，雙軌並行。

　　我國公司法具有大陸法系特色，公司體制因而採董事和監察人並行雙軌制，有別於英美海洋法系的單軌制（也就是無監察人的設計，而代之以董事會下設審計委員會）。在大陸法系中，有些歐陸國家，如德國、荷蘭等國，公司體制三權分立，即規劃、決策和行政執行這三權，固由董事會這個最高機關來掌握，但在監督管控這第三權方面，監察人則是終極機關，董事會不得凌越，而且董事還是監察人會任命的。

　　我國的情況雖不完全如大陸法系國家，形式上還是董事會、監察人各司其職，雙軌並行，插進獨立董事（並相對的要推動建置審計委員會），將形成亂倫的三角關係，而且兩不像，非禽非獸。

　　在公司治理已經很先進的美國，近幾年內發生的恩龍、世界通訊等案，公司裡一堆名教授、名流擔任獨立董事，仍然無

法阻止老闆作惡，財報弊案爆發後，獨董們個個臉露無辜，這些故事告訴大家：要讓獨董在惡劣的環境下，也能發揮御史大夫的功能，那就必須調整制度設計，讓它即便在人性面上，也不會窒礙難行。

當前國內的獨董制度，還有許多配套條件不夠健全或尚未充分釐清，例如，候選人資格、如何提名、如何選舉及選出、獨董的職能角色，及權力與責任等，均待進一步的努力。其中，幾個關鍵點更須早日釐清：(1)提名權若仍然非老闆或大股東才能行使（持股1%以上是提名人的門檻？），那少數人壟斷提名權，如何引進監督得了他（她）們的獨董？(2)如何選舉呢？與一般董事同時或分開計票？(3)獨董有無特別的權限和相對應的責任？

未來，獨立董事在國內某些行業（尤其是金融業和金控業）的經營權爭奪戰中，是兵家必爭之地，也會發生關鍵性扭轉局勢的作用。這制度在實戰上，必然花樣百出。

最近的兆豐金控、官民互爭經營權一役，可以視為民間業者的初次操兵，巧用外資選出所謂的獨立董事，剛好壓倒官股。官股心裡要有準備：外資對政府經營事業的效率、效能、績效，以及決心，哪敢放心？行政院的溫柔婉約最後固然在兆豐一役中勝出，以其巧妙手法勸退了獨立董事。然而，政府同時也「強暴」了獨董制度，向社會做了一次惡劣的示範，下一個兆豐金或兆豐金的下一役，政府的巧妙手法可能難以再次生效。只是大家不解的是：政府費了多年努力推的獨立董事制度，何以這麼輕率地放棄？

53 執行長有如
棒球場上的投手

　　看棒球賽的球迷都知道：在整場比賽中，最忙碌的兩位球員是防守方的捕手和投手。捕手大部分時間都蹲著接球，他必須隨時留意壘上跑者和上場打擊者的狀況，針對他的擊球習慣，在投手投球前和投手商量配球（藉手勢打暗號），同時指揮內外野防守圈，行有餘力，還得抽空對擊球員來上一句：「你老姊跟大猩猩約會」（世足賽中，被法國球員席丹頭搥胸部前的那位義大利老兄，也說了類似的話），有時候也提醒一下主審：「怎樣？晚上老地方來一杯？」

　　不只如此，對於投手投過來的各種變化球或超速直球，乃至於大暴投，統統不能漏接，否則就糗大了。接著，當球被擊出，捕手有時候必須在本壘板上，準備接受從三壘方向衝回來的跑者的撞擊，有時候必須陪打者衝向一壘（全副盔甲）以捕一壘手可能的漏接球，至於跑壘間隨時要投球給二壘，或與三壘防守者配合牽制刺殺跑者，也是司空見慣的畫面。

　　再談投手，雖然也很忙碌，但相對之下，工作內容單純多

了，只要投球、接球，再投球，至多也只是前後左右跑個幾步，動作永遠很優雅，搶足了鏡頭，不像捕手做盡了苦工，鏡頭前的捕手永遠帶著面罩，相較之下，不容易成為明星球員。

執行長有如棒球場上的投手，站在投手丘上防止對方安打得分，以帶領球隊贏得勝利。

企業經營也一樣，社會大眾永遠只注意被媒體捧成明星的執行長。執行長有如棒球場上的投手，站在投手丘上（那是鏡頭聚焦的所在）防止對方安打得分，以帶領球隊贏得勝利。球賽贏了，投手往往是頭號標題，其他隊友（捕手和打擊手）常被忽略；球賽輸了，先發投手或敗戰投手則灰頭土臉。

其實，球隊之所以贏球，乃贏在己方失分比對方少，或者說，己方得分比對方多，投手只是其中一項致勝因素，而不是全部。洋基在季後賽中三比一輸給底特律老虎隊，王建民主投的那場是洋基唯一勝場，但也被對手得了四分，如果不是洋基打線連貫，而且火力全開，得了八分，王建民不見得會贏球；反之，洋基所輸的三場都應歸咎於打擊熄火，無力得分，讓投手難撐局面，終於不支。

企業初始營運，所推出的執行長為先發投手。在球賽中，有兩種情況要換下先發投手：(1)球路已被打者抓住；(2)球路恐被打者抓住，此時，中繼或救援投手上場收拾殘局，被殷殷寄以厚望。在企業經營的道路上，當出現營運虧損、競爭力落後，或重大決策失誤等情況，也會更換執行長，然而，更換之後企業就扭轉乾坤了嗎？

幾年前領導克萊斯勒的艾科卡風光一時，彷彿棒球場上的

最佳救援投手,「艾科卡」甚至成了一種稱呼、恭維,可是,後來呢?克萊斯勒還是不行了,艾科卡也黔驢技窮。華爾街更換執行長的案例也很常見,如惠普、戴爾、新力等企業的故事都告訴大家,所謂的成功企業有如焰火,只有剎那最燦爛,大部分時候,企業其實都處在暗夜的黑空中,苦苦地掙扎要向上爬升。明基和德國的西門子兩家公司的執行長都曾意氣風發,一年不到,他們的內心已沈重無比。

　　企業的成敗靠的是團隊,常常是一將功成萬骨枯。企業的成敗可能與萬般因素有關,有時候,甚至與企業的宿命有關(在1A級小聯盟的球隊,更換再多的投手,也無法上得了大聯盟)。最幸運的執行長,可能只是在關鍵時刻,為企業做了一個關鍵決策而已。執行長也是團隊裡「成王敗寇」最鮮明的一員,經理、協理級的人一輩子在公司所領的薪酬,執行長可能在三、五年內就領足,然後走人。

54 CEO，也是企業道德長

2006年去世的諾貝爾經濟學獎得主，也是芝加哥自由學派大師的弗利曼（Allen Freeman），生前曾說過一句話：「企業對社會的唯一責任，就是增加利潤。」經濟學者在說話、分析時，常帶一句前頭語：「假設其他條件不變……」弗老大上述那句話顯然也是，當社會快要像天堂那樣地完善時，企業也許只要為它的高階主管和股東們多賺點錢即可。

但在現實社會裡，幾乎不存在「其他條件不變」的條件。尤其「小政府大企業的時代」來臨，企業很容易操控政府，在此情況下，企業所作所為動見觀瞻，許多人其實很在意企業如何賺錢？是否誠實與正派經營，遵循法令，正當賺錢，是否在做得到的範圍內善盡社會責任？

不久之前，傳統的企業家都還普遍重視企業的信譽（reputation, credibility），認為信譽是企業的第二生命，他們這種堅持或屬於一種道德情懷，或出於一種古老心法的傳承，而沒有去計量分析信譽為什麼是企業的重要資產？

在資產負債表上，雖要盡量充分顯露企業的財務狀況，也就是它擁有多少資源？負擔多少債務？可是，計量方法畢竟受到限制，至今無法公允地顯現某些事實存在，卻無法以阿拉伯數字表達出來的東西。在資產方，大家都重視並關切智慧資本（intellectual capital）、品牌資本（brand capital），前者如企業擁有特殊的專利、技術、製程、高素質的人力；後者如企業產品特殊的品牌、廣大的通路、優良的形象等。除了這兩類無形資產外，還有另一類信譽資本（reputational capital），也愈來愈被重視。愈大的企業，愈能體認信譽之重要。

一般而言，股價通常高出企業帳面價值，股價是企業價值客觀的顯現，帳面價值則是其歷史紀錄，之間的差距顯示企業擁有無形資產，智慧資本、品牌資本及信譽資本均提升了企業價值，也愈來愈多人要求將它計量評估價值。

信譽為企業帶來許多優勢，在吸引優秀人才方面，員工選擇正派形象的公司，放棄形象不良者（博達如果能復業，它招得到人才嗎？）。消費者對信譽佳的企業產品較有信心，投資人也比較願意出較高的價錢買良好信譽企業的股票，債權銀行的授信態度就更不用說了。此外，信譽良好的企業摔跤時，社會大眾比較願意用寬容的態度對待它，因此它的危機處理較無阻力，較易過關。同樣是發生危機的銀行，信譽好的銀行可能安全度過，信譽不佳的銀行則倒地不起。

> **信譽良好的企業摔跤時，社會大眾比較願意用寬容的態度對待它，因此它的危機處理較無阻力，較易過關。**

信譽與企業識別、產品商標之間，都似同而異，企業培養

信譽有如人的修行，均須有所體認並長期奉行，信譽是企業長期散發出來的價值感，不必藉由廣告與公關，社會自有口碑。它可能與企業內部所奉行的倫理，所形成的文化密切相關，企業領導人的個人因素及帶領方向，則深刻影響到企業信譽的建立、發展及維持。

企業識別和產品商標可能要耗用鉅大資源來做長期的廣告和公關，經營信譽則不必這麼繁複：誠實正直、正派經營，不違背法令，不在會計報表上取巧、做假，願意善盡社會責任，在公司內部提倡倫常道德和真實的價值觀，均本乎一念之間，不必花錢。企業環境有了此種氛圍，便具備天生麗質的條件，當它做出感動人心的事時，可能不必花太大的成本，便能水到渠成。如同奇美醫院對台中市長夫人盡心盡力的醫治，不是感動人心了？若進一步擴大到一般病患，奇美的信譽又將如何衡量？

企業的信譽與其領導人人格密切相關，執行長看來也應該是企業的道德長（Chief Ethic Officer, CEO），簡稱道長。

55 夥計吃肉，老闆喝湯

現代大型企業（尤其是股票掛牌公司）中，經營團隊的薪酬（固定加變動，現金加非現金）問題有三個思考面向：(1)薪酬決定的過程；(2)薪酬資訊的透明化；(3)薪酬與經營績效是否對稱？

以執行長為例，美國大型公司執行長的平均薪酬，1991年約為平均工人薪酬的一百四十倍，到了2003年上升至五百倍。薪酬的高低不是問題，問題在上述三個面向，尤其是股東所給付的薪酬是否達成他們預期的效果？在盧西恩・別布丘克（Lucian Bebchuk）和耶西・弗里德（Jesse Fried）兩教授合著的《不看業績付薪水[1]》（*Pay without Performance*）一書中，他們認為答案是否定的、悲觀的。

現代企業內部體制由三個主要機關組成：股東大會→董事會→經營團隊領導的各部門，兩個→符號代表兩層的代理（授權）。在上層，股東授權（委任）給董事會；在下層，董事會授權（委任）給經營團隊。所以，經營團隊與股東（公司的所

有權人）之間，已經隔著兩層的代理。

企業裡，一方面所有權與經營權形成競合；另一方面，逐漸形成經營權強勢而所有權弱勢的趨勢。弔詭的是，主管機關

企業裡，一方面所有權與經營權形成競合；另又逐漸形成經營權強勢而所有權弱勢的趨勢。

強調股權分散，然而，股權分散愈徹底，所有權的力量愈不容易集中發揮，愈顯弱勢；相對地，經營權則愈顯強勢，經營團隊愈容易為所欲為，不受節制。

所有權與經營權原是現代企業無法逃避的一個難局。所有權人和掌握經營權者雙方有資訊不對稱問題，更重要的是，雙方（利益）的立場也不一致，股東希望經營團隊以股東權益價值為念，薪酬則最好固定在一個堪忍的水準；經營團隊所圖顯然不止如此，所謂「錢多事少離家近」雖然是句玩笑話，大抵描繪出經營團隊心中想望，而且個人的前途、社會地位這些讓個人價值極大化的目標，若與創造股東權益最大價值的目標相衝突，經營團隊成員大概會以己為重。

在這種矛盾中，經營團隊的薪酬問題就成為焦點所在。以賽局理論研究此議題為學術界經常採用（包括上述一書），在雙方的競合關係中，雙贏的構圖為——股東：薪酬激勵→經營者胡蘿蔔效應→績效提升→回饋股東；經營團隊：高薪→全力奉獻→績效提升→回饋。顯然地，激勵性（變動性）的分紅為共同解。實務上，經營者薪酬問題也朝此方向發展，形成了員工（支薪者）成為利潤分享者，在少數情況下，卻進一步演變成利潤侵占者。

股東支付給經營團隊的額外獎酬，目標為何會落空？預期

的經營績效為何沒發揮？

在經營團隊這層，因擁有極大的行政執行和管理權，加上決策性議案的提案權也握在手上，此外，老闆們三年一任，流水的官、鐵打的兵，這些因素都容易形成事實上控制著公司的是夥計，而非股東或董監。

在董事會這層也容易偏袒經營團隊，並形成互利，立場一致，而與股東立場衝突，這讓賽局理論的基礎偏斜。而且，董事會成員的持股比例與此相關，愈低者偏斜程度愈厲害，董事會愈無法代表股東權益的立場。

照理講，股東大會擁有最終裁量權，怎會疏忽了自己的權益？問題在實務上存在著資訊不對稱，股東其實不易全盤了解經營團隊的薪酬到底有多少？此外，主席台上全是董監事和經營團隊成員，主導議事進行，股東們在台下，已先矮了一截。

企業外部人士（媒體、主管、監理機關、社會觀感……）對此事雖有一定的影響力，但也因此導致經營團隊對給付自己的薪酬設計成：盡可能含混、資訊不透明，甚至掩飾，讓外界無從了解薪酬，及其對績效獎勵的敏感性程度。

看起來，經營團隊（加董監事）的薪酬問題，本身就滋生代理者的利益衝突。

【註釋】

[1] Bebchuk, L. & Fried, J.M. (2004). *Pay Without Performance: The Unfulfilled Promise of Executive Compensation*, Harvard University Press.

56 上市櫃公司財會主管的處境

　　會計界流傳一則笑話：某公司內部正在開業務檢討會議，生產部和業務部人員紛紛大吐苦水，說他們在燥熱的工廠裡拚命、在烈日當空下奔走，「不像會計部門，在辦公室裡吹冷氣！」會計主管聞言，冷冷地回應：「公司去年賺了2億，其中有1億是我們在辦公室吹冷氣時賺來的。」

　　真實世界裡，公司裡財會主管的地位如何？令人好奇。會計研究發展基金會曾針對上市櫃公司財會主管設計一份問卷，收回了1,038份，在以下幾個問題中，他（她）們的回答非常真實，也呈現公司財會主管的處境。

　　最足以顯示財會主管地位的兩項指標為：他們的年薪（在公司裡的相對比較）和老闆是否常找他（她）的部門單獨開會？在這個問題中，設定公司內部人員的年薪以其業務性質區分五等：銷售人員、研發人員、管理人員、文書人員和總務人員。財會主管們自認年薪約等於管理人員者占66%，表示約等於文書人員、總務人員、銷售人員、研發人員者，各占14%、

8%、7%、4%，只有少數人認為自己是中高薪者。此外，老闆經常與財會部門單獨開會的比率為28%，表示很少者占了49%，另有22%的公司老闆不曾與財會部門單獨開會。

老闆是否尊重會計專業意見？在編製財務報表時，若依據法令和會計原則，報表數字將不好看。即便如此，有72%的老闆完全尊重專業意見，有2%則完全不聽專業意見，26%認為影響數字輕微時會聽，否則不聽。

另外，會計師查帳後要公司打消鉅額盈餘，老闆和會計師若有爭議時，財會主管的態度如何？調查結果是只有4%會站在老闆這邊（不這樣做，怕觸怒了老闆）；相反地，會站在會計師（代表專業）這邊，一起說服老闆的則占36%，而站在中立地位，讓老闆和會計師去解決問題的占58%。

財會主管普遍了解編製財務報表的法律責任（占83%），唯仍有17%的人不了解自己工作上的法律責任。要財會主管在財務報表上簽章，有79%的主管不擔心；21%的主管則有些疑慮；極少數1%的主管甚至擔心到睡不著覺。

另一方面，公司若做假帳，有62%的財會主管認為一定會被發現；30%認為做假帳大部分會被發現；少數7%的人則心存做假帳大部分不被發現的想法；極少數1%的財會主管甚至認為：做假帳完全不會被發現。

做假帳讓投資人踩到地雷股，誰應該負最大責任？財會主管認為是老闆害了投資人的占32%；感到自己有責任，會良心不安的占29%；財會主管認為市場監理機關要負大部分責任的占19%；承銷商要負責的占11%；另有10%的財會主管認為投

資人應自行負責，多用功閱讀分析財務報表，以自求多福。

　　大部分的財會主管（58%）認為老闆可以被教育以善盡企業的社會責任，也有部分人（36%）則認為，那要視情況而定，極少數（3%）認為這完全不可能。

　　會計師每年對公司進行查帳，有61%的財會主管認為會計師發揮了審計功能，34%認為還好，另有5%認為會計師並沒有發揮審計的功能。

　　揭開了這層面紗，看清財會主管的處境，主管機關可以多予鼓勵，並協助提高他（她）們在公司的地位，以提升財報的品質與透明度。

財會人員的倫理守則

　　歷史學家湯恩比（Arnold Toynbee）說過：每一個文明的沒落，都是從倫常、道德的敗壞開始。其實，倫常、道德是每一個文明發展內涵的動能，也決定文明興衰的方向。

　　倫常是國家社會賴以維繫運作的無形軟體，兩千多年來，中國的儒家一直努力推廣五倫，以做為帝王統治的工具，儒家本身也甘願為專制政治提供服務，一直到1980年代台灣的新儒家曾經嘗試推動第六倫——群己關係，成效不彰。如今，台灣整體看來好像只剩一倫，那就是「不倫」。「不倫」有兩個特性：一是沒有是非（只有立場和力道）；二是叢林法則，成王敗寇，古代老夫子講的「率獸食人」便是。

　　倫常，依老子《道德經》所說，層次有高低，分五等：道、德、仁、義、禮。道純樸自然（道可道，非常道），德已經有些做作（上德不德，是以有德；下德不失德，是以無德），仁是存心愛人，義是為所當為，禮是心有所圖，對人好時心存回報，若不然，則禮可「攘臂扔之」。倫常比較高的門

檻是說該說的話（例如立言救國），做該做的事（例如捨身取
義）；比較低的門檻是不該說的話不能說（例如說謊、做假

**倫常、道德是每一個文
明發展內涵的動能，也
決定文明興衰的方向。**

帳），不該做的事不能做（例如犯罪）。門
檻比較低並不代表容易做到，讀到這裡，
你可暫停一下並問自己：過去二十四小時
裡，你句句實話嗎？有些人把它當作修行，良有以也。

總而言之，倫常、道德是一個人由內而外的思維和行為準
則，大部分屬良知良能，在自律的範圍內；自律若失敗，則賴
他律來矯正，他律就是法律、規章、公約等。他律是外在的規
範力量，迫人就範；他律也提供個人行為的事前警惕，對自律
的端正亦有所幫助。最怕是自律失敗，他律亦不彰，那就是亂
衰世的現象了。

台灣內部許多方面出現的脫序現象，令人憂慮。諸如：財
政敗壞、治安敗壞、政客口水、醫德敗壞等，社會各角落、層
面似乎都有倫常亂、道德墮的問題。仁愛醫院的人球案及上市
櫃公司地雷股案引起社會極大震撼。前者事關人命，後者造成
眾多投資人的財務浩劫，在在都顯示：若無道德、倫理為公
約，這個社會只由叢林法則來運作，其代價極大。

醫界是少數訂有執業倫理規範的行業之一。在1998年，台
灣醫師會員代表大會就通過「醫師倫理規範」（2002年修正），
其前言：「醫師以照顧病患的生命與健康為使命，除維持專業
自主外，當以良知和尊重生命尊嚴之方式執行醫療專業，……
除了考量對病人的責任外，……」第4條：「醫師執業應考慮病
人利益，並尊重病人的自主權，以良知與尊嚴的態度執行救人

聖職。」第10條：「醫師應以病人之福祉為忠，了解並承認自己的極限及其他醫師的能力，不做不能勝任之醫療行為，對於無法確定病因或提供完整治療時，應協助病人轉診……」

仁愛醫院的醫師後來承認，病人抵達時他人不在場，看片的紀錄是後來串通另一名醫師補做的，「知道病人轉診到台中時，後悔不已，如果知道是這樣，說什麼也要留住病人在院治療……。」

在此處提醫德似乎略顯突兀，醫師倫理墮落與地雷股又有何干？答案是這都涉及行業倫理，從業人員的執業道德、倫理問題。醫師倫理案告訴大家：光有公約還不夠，徒法不能自行。更何況，在台灣的證券市場，直到2004年11月，才出現市場監理單位發布：「為導引我國上市櫃公司董事、監察人及經理人之行為符合道德標準，爰訂定上市櫃公司道德行為準則參考範例……。」

規定裡，上市櫃公司所訂之道德行為準則，至少應包括：防止利益衝突；避免圖私利；保密責任；公平交易；保護並適當使用公司資產；遵循法令規章；鼓勵呈報任何非法或違反道德行為準則之行為；懲戒措施等。這些資訊應在年報、公開說明書、公開資訊觀測站上揭露。

在這些規定裡，都是些立意很好、陳義很高的指導準則，只是，有些規定對上市櫃公司財會人員來說，恐怕只能以不知所云來形容，例如公平交易、避免圖私利、防止利益衝突等。相反地，「不要做假帳」或「不要協助老闆做假帳」這些硬道理卻沒有見諸文字，難道是官員訂定規則的疏忽？

沒有錯，「不要做假帳」是大陸國家會計學院由前總理朱鎔基親頒的校訓，簡單明瞭而切中時弊，若能百分之百遵循，則資本、金融市場河清有期！也有此可見有多難（還要驚動國家總理來訓勉）、多重要。

　　「不要做假帳」是上市櫃公司財會人員良知良能可以辨別清楚的，卻不一定做得到，這中間的落差，檢討起來，不外乎出於自律不足和他律鬆懈。自律不足，必須加強上市櫃公司財會人員的專業性和獨立性（加強教育訓練），和鼓勵上市櫃公司財會人員成立一個自律性組織，藉由會員公約加強自律；他律鬆懈，可由加強監理力度和明確法律責任著手。

　　此外，上市櫃公司財會人員可能面對一個強勢而不尊重專業的老闆，以及不利於「不做假帳」的環境。通常是無力與老闆抗衡，當老闆要美化帳面、報表，財會人員即面臨進退失據的窘境，要想不丟飯碗，就要配合老闆同流合污，只能怪自己當初入錯公司。

　　其實，主管機關和市場監理單位可以設法改善上市櫃公司財會人員的處境，證券交易法第171條（針對老闆）和第174條（針對財會人員）告訴我們，關於「做假帳」的法律責任，

財會人員是上市櫃公司處理會計程序、從事會計判斷和編製財務報表的關鍵人員。

他們的刑責幾乎是平行平等的。要鼓勵財會人員選擇避免同流合污，主管機關可以建置一個免責、減責的條件，讓財會人員可以示警（事前）或窩裡反（事後），也可以規定：財會人員的專業資格認定是由主管機關授證、認證的，因此具有社會公器的性格，而非老闆的私房菜。在專業領

域裡，不能老闆要向東，財會人員就得向東；要向西，財會人員不敢向其他方向。最重要的是，主管機關和監理單位必須讓老闆知道，在所申報的財務資訊、報告、文件中，主管機關和監理單位是認簽章的會計師、專家和財會人員，而不只是認老闆的印章。

　　財會人員是上市櫃公司處理會計程序、從事會計判斷和編製財務報表的關鍵人員，也是處在財務報告產製流程中的上游階段，攸關揭露資訊品質良莠，而他們也最容易受到想在財報上使詐的老闆的干擾，主管機關應多設管道傾聽上市櫃公司財會人員的心聲，也多頒獎給優異財會人員，給予肯定、獎勵和鼓舞。有許多的配套措施必須同時做，才有助於打動財會人員的良知良能，化為具體行動，使主管機關、監理單位所揭櫫的財會人員倫理準則規範目標得以落實。

58 保障舉發老闆犯罪行為的員工

　　假帳乃至「詐欺性財報」，是新興白領階級犯罪的慣用伎倆，在資本市場、金融市場上造成極大傷害。只要法律機制鬆懈，便有機會得逞；一旦得逞，無辜受害者成千上萬，損失金額令人駭異，無以置信。以2002年美國企業舞弊所產生的損失為例，就可達到6,000億美元以上的社會成本。台灣2004年的博達案、訊碟案，也是每案動輒幾百億新台幣，從投資人或債權人的銀行帳戶裡蒸發。

　　假帳不論是出自故意扭曲會計假設、原則、方法及估計的運用，抑或憑空捏造，發動者可能是老闆，執行者可能絕大部分是財會人員。

　　財會人員在公司財報弊案中，通常是知道它正在進行，卻不能講，也不敢講的人。傳統會計人從會計程序的觀點，認為財務報表是傳票→分錄→過帳等一連串程序後的最後結果，二十一世紀的會計人體認到：財務報表（從實質面看）是會計假設、原則、方法、估計等一連串選擇、判斷後的最終結果。所

以，決定這些變數項目的參數值，就決定了財務報表的最終數字。依照這層道理，要比較兩家晶圓代工公司的每股盈餘，就必須留意其重大會計政策如折舊政策有無不一致；要比較兩家金融機構的每股盈餘，則必須留意其重大會計政策如呆帳提列政策有無不一致。

財會人員編製財務報表，接觸核心資料，故財報弊案有相當的比例是經由財會人員舉發。

這件事情的另一面是，如果投資人、債權人只注意每股盈餘的數字，而不問其內涵，那麼，成百上千業務人員、生產人員終年的努力和在會計原則、方法、估計的選項上動手腳，兩者很可能就沒有差別，因為兩者在財務報表上所產生的影響效果有可能相同。體會到這點的老闆就會控制他（她）的財會人員，以選擇有利的會計方法。更有甚者，老闆也可選擇憑空捏造來虛灌營收，並以法律形式（表面合理、合法）來掩蓋經濟實質的不存在（如博達案的63億元現金和虛假的營業收入）。這些都可在所控制的環境（辦公室）和人員（財會人員）下隱密進行。

在公司內部環境中，財會人員幾乎孤立無援，與老闆的關係則是一面倒——聽命於老闆，老闆不可能聽命於他（她）們，猶如《莊子・人間世》裡的籠中鳥。老闆喜歡聽，就多唱兩句，否則閉口最好；要他（她）們據理力爭，猶如螳臂擋車。

另一方面，因為財會人員編製財務報表，接觸核心資料，故財報弊案有相當的比例是經由財會人員舉發。在華爾街，財會人員直接投書媒體，由媒體披露弊案的情事經常發生。

恩龍案發生後，美國國會在2002年通過沙氏法案。有鑑於在幾個重大弊案中，舉發的員工都扮演關鍵性角色，為進一步鼓勵員工挺身而出維護社會正義，沙氏法案分別於第806條和第1107條規定保障舉發老闆犯罪行為的員工（whistleblower protection）。

第806條規定：

- 保護對象：揭發公開發行公司財報弊案的員工。
- 條件：員工合理確信公司涉入財報弊案，違反證券交易法，而提供資料給有關單位，或協助其進行調查。
- 保護原則：弊案公司或其主管對於合法舉發的員工，皆不得施以不合理的遣散、降職、停職、威脅、騷擾或任何的歧視。
- 救濟方式：被侵害的員工可以依法提出行政救濟或司法訴訟。
- 求償範圍：工作權的回復（含原來應有的年資）加其他損害賠償。
- 第1107條規定：任何對舉發老闆犯罪行為的員工進行報復，並採取傷害行為者（包括妨害其求職或生計），可處以十年以下有期徒刑，併科罰金。

相比之下，我國法律對於財報弊案中的舉發員工，保障明顯不足，固然有證人保護法保障其舉發作證時不受侵害，但是，對於舉發員工的工作權，以及免於受不合理的遣散、降職、停職、威脅或歧視等（沙氏法案第806條）的保護，無論

是證人保護法、勞動基準法或證券交易法等,都無明文保障。財會人員在抗衡老闆惡行時,處在完全不對稱的地位。

事實上,除了法律規定外,主管機關和市場監理單位也可張開行政法規的保護網,以補法律的不足,並在財會人員這端的天平上,放些法碼來平衡。例如,在受理上市櫃公司申報的財務報告時,更加重視財會人員的簽章,對於經常更換財會主管的公司財報,採取嚴格實質審查,開闢財會人員申訴園地熱線,對於迫害舉發弊案員工的公司,採取嚴厲的措施(如變更交易、停止交易等)以收嚇阻效果。

財報弊案的公司畢竟占上市櫃公司的極小比例,可是,它具有「老鼠屎」的效果,少數惡行老闆足以污染整個資本市場和金融市場,財會主管則是制衡老闆作惡的關鍵,他(她)們的工作處境,值得主管機關關心。

59　企業重視道德，
掀起浪潮

　　會計和財務報表幫助企業認列、衡量、揭露，以及表達企業所擁有的資源（資產）、這些資源的歸屬（負債及股東權益）和企業運用資源的結果，以便用來評估一段期間的經營績效。問題是，報表上的阿拉伯數字無法充分顯現訊息，許多無形資產和負債已經存在，卻未數據化。弔詭的是，新興的思潮讓投資人和債權人愈來愈看重原來看不見的資產，無形項目的價值化顯然已形成趨勢。

　　無形項目包括企業的信譽、智慧（知識）資本、品牌通路資本、法律賦予的特許權利、客戶的名單、員工的素質等，以企業的信譽這一項最特別，也最不容忽視。企業的信譽可能是資產，也可能是負債，更可能資產負債兩邊都有，有些人甚至主張詳列企業所擁有的正面信譽和負面信譽，表列一張延展而出的資產負債表。所以，如果有天我們看到財務報告附註項目中，出現一張企業道德項目的資產負債表，也不足為奇。

　　企業經營要不要重視道德乃至於人類的精神面價值，以及

善盡社會責任？對這個問題，人們若回答「是」，馬上會招來「那當然啦，說者輕鬆，又不是他（她）在經營」的回答；若回答「不」（那比較符合台灣目前的實況），這種叢林法則讓人們感覺冷冷涼涼的。

企業是否要在做得到的範圍內，善盡社會責任？只存乎一心，一念之間而已。企業雇用員工以舒緩社會上的就業壓力，就是在善盡社會責任。

以台灣的金融業為例，雇用一名中高齡（也就是二十年的服務年資，高認同、高忠誠的員工）的中階人員，每年平均人力成本（包括薪資、績效、退休金提列、勞健保、相應的配備及管理成本）可能高達300萬元。因而出現正負面思維，負面思維則是：若裁掉一百人，工作成果不受影響（可見他們是冗員），每年績效就淨增3億元。正面思維則是：裁掉的一百人，加以組訓後產值可以倍增至300萬元以上（經營團隊可以沒有這種組訓能力嗎？）我們可以因此留住一批忠心耿耿的老臣。

朝負面思維去做的結果是導致銀行內部氣氛緊張，工會力量愈來愈大，也愈不合作，街上則是中年失業的人愈來愈多。另一方面，公司尾牙的場面卻愈來愈大，員工狂歡之餘，彼此「勸君更盡一杯酒，西出陽關無故人」。朝正面思維去做的結果，旁的不談，那被留下來的一百人，日後恐怕會讓經營團隊眼睛一亮：「還好，先前沒裁掉他們」。

> 提倡道德面和精神面的價值，既為企業增添質感，也增進了企業的價值，不管營收抑或股價，信譽優良的公司都占優勢。

企業要不要重視道德乃至於人類的精神面價值？三十年前

我們這個社會到處看得到：四維八德、三達德、二十四孝教忠教孝和精神堡壘，精神訓語時刻就出現在眼前。如今人人卻聞道德而色變（臉變紅），彷彿道德曾經羞辱過我們。要企業正面做有道德的事情，可能不知從何說起做起，因為包羅萬象。如果從負面的不作為（就像佛家的戒）面，那倒可明顯歸納，例如：不要違反法令規章，不要在會計、財務報告上取巧做假，不要汙染環境、不要隨意解雇員工等。

歐美企業講究道德倫理守則的個案，最早出現在1950年代。近年來，愈來愈多的大企業了解到利他（altruism）的行為，同時也利己。提倡道德面和精神面的價值，不僅為企業增添質感，在現實考量上，增進了企業的價值，不管營收抑或股價，信譽優良的公司都占優勢。愈來愈多的大企業展開具體的行動，著名企業家則以從事慈善事業為傲，比爾‧蓋茲、巴菲特與索羅斯等人捐錢，讓世人看到：這些人真正悟出了《心經》的「色不異空，空不異色」，或老子的「金玉滿堂，莫之能守」。

企業重視道德將會是浪潮，誠如陳長文律師所言：「昨日的道德，今日的聲譽，明日的法律。」

第六篇

時事與人物

本篇所探討的人物與時事，不管是國家、政府、政府
領導人或個人，都與財報或會計有關。正因如此，
記錄下來，供讀者參考。

60 財政治理高手柯林頓

　　美國前總統柯林頓最近閒來無事，等著擔任美國第一任「第一先生」。一般人對小柯的記憶，一直與一位白宮女助理扯在一起，小柯犯過「天下男人都會犯的錯」，也讓他付出慘痛的代價——以治國成績而言，他其實是一位偉大的總統，美國人民卻忘記這點，只記得他的錯。

　　柯林頓在1993年上任時，美國經濟在蕭條的邊緣（失業率幾達7%），亦即嚴重的不景氣。至於蕭條和不景氣又該如何區分？根據前美國總統雷根的說法：「不景氣是你的鄰居中有人失業了，蕭條則是連你也失業了。」此外，美國財政在歷經雷根八年、布希四年的主政後，國債已成了天文數字，政府每年赤字也高達GDP的5%以上。

　　為落實競選時主打的「笨蛋，問題在經濟」（It's the Economy, stupid），柯林頓馬上著手改革三件大事：擴大就業；削減國防支出；增稅。

　　柯林頓提出在他任內增加八百萬個就業機會的目標，結

果，八年下來美國就業機會增加了一千七百萬個，失業率也由6.8%一度降低至3.8%，上任後頭兩年內，政府即創造了五百五十萬個工作機會（相對於小布希，則在頭兩年內減少了兩百萬個就業機會）。

另外，拜蘇聯瓦解及東西方結束冷戰之賜，國防支出得以從占GDP的6%以上，降為3%，每年縮減赤字2千億至3千億美元。

最重要的是，柯林頓提高所得稅率，在他之前，美國的稅率結構是：最高28%，最低10%。柯林頓提高為：最高39.6%，最低15%。

增稅的大動作衝撞了巫毒教派基本教義，巫毒經濟學（Voodoo Economics）教派常唸的咒語可以葛林斯班（Alan Greenspan）2004年在美國參議院的一段證詞為代表：「很明顯地，如果大幅提高稅率，可能拖累經濟成長。」

2001年諾貝爾經濟學獎得主史迪格里茲（Jeoseph Stiglitz）擔任過柯林頓政府的經濟顧問委員會主席，他在著作《狂飆的十年》（*The Roaring Nineties*）中指出，增稅降低了政府赤字，提高了投資人信心，進而在債券市場勇於買進〔美國長期利率由市場供需決定，以三十年長期國庫債券（T Bond）為代表，

健全財政並非做不到，端看政府有沒有把財政治理認真當作一回事。

短期利率則由聯準會調控〕。結果利率趨低，反而帶動投資，延續了美國在二十世紀最後二十年對網路與科技的投資熱潮，經濟開始復甦，也就是說，增稅在特殊情況下，並未導致蕭條。

在柯林頓治理下的美國，正好是例證之一。美國經濟後來一直欣欣向榮，2000年（柯林頓任內最後一年）道瓊指數來到11,700點至今未破，股市甚至一度被葛林斯班形容為「非理性的繁榮」（irrational exuberance）。

　　柯林頓卸任後，將預算盈餘逾兆美元的局面移交給小布希，結果小布希又是減稅，2004年將稅率降為最高35%；最低10%，又是打仗，徹底破壞健全的財政局面，如今財政赤字又占GDP的6%以上。

　　拉斐・巴特拉（Ravi Batra）在他的著作《葛林斯班的騙局》（*Greenspan's Fraud*）中，以十年為一世代，觀察美國過去五十年來公司所得稅率和個人所得稅率與經濟成長率之間的長期關係。他發現在1950、60年代，公司稅率高達52%、個人稅率達92%，經濟成長率卻高於4%；2000年後，公司與個人稅率雖分別調降為33%、35%，經濟成長率卻只有2.8%。這個結果可做為「長期而言，健全的財政可促進經濟成長」的註腳。

　　美國在1993年至2000年間健全財政的故事，說明了柯林頓是位「治大國若烹小鮮」的總統，也說明了健全財政並非做不到，端看政府有沒有把財政治理認真當作一回事而已。用這個標準來檢驗台灣，自1991年以來的財政敗壞，也可看出其中的道理。

61 巫毒財政，
雷規布隨債多不愁

雷根於1981年至1988年擔任美國總統。雷老競選總統時，提出供給面經濟學的財政政策：在政府支出方面，擴大國防支出（記得「星戰計畫」嗎？雷老差點要把好萊塢的星戰電影，化為實際對抗蘇聯的國防計畫）；在稅收方面，則大幅降低個人和公司所得稅，然後又要能平衡政府預算。這種政策主張聽起來就不切實際，當時在共和黨內初選時，他的競爭對手老布希，曾攻擊他的政策主張為巫毒經濟學。這詞應了一句歇後語：老美看非洲乩童起乩——看不懂他在玩什麼把戲。

供給面經濟學並非沒有理論依據，在古典經濟學裡，有所謂的「賽依法則」（Say's Law）：供給會創造需求。只不過，世界經濟經過1930年代的大崩盤以後，這條法則失靈，取而代之的是凱因斯學派的理論：需求創造了供給。凱因斯理論為隨後五十年美國的擴張財政提供了理論基礎，直到1980年代，雷根的幕僚群創出了經濟新思維口號。

簡單的說，政府只要對國家生產要素（包括工資、利息、

租金、利潤）的擁有者減稅，他（她）們就會有誘因更努力的提高生產力，並且有多餘的錢（省下來的稅）來增進消費，因此，政府從國家經濟的供給面切入，供給創造了需求，國家經濟好轉，政府（赤字）預算也獲得了改善。

供給面經濟學認為，政府要從供給面切入，供給創造需求，國家經濟好轉，政府（赤字）預算也獲得改善。

雷老的財政創了一個雷氏經濟（Reganomics）的時代。現實上，美國健全財政局面的崩盤可以說始於雷老。雷老雖然是接卡特的爛攤子，可是卡特的攤子還不算太爛，財政赤字缺口才100億、200億美元，而且卡特時代經歷油價高漲（每桶由2.5美元漲至10美元），而引起了停滯型膨脹（Stagflation），財政治理難度超高。雷老開始，美國財政赤字缺口每年以數百億美元為單位擴大。

巫毒經濟的施政結果是：財政赤字不斷擴大，所得分配不斷惡化（國防支出的經濟效果是有利於有錢人，減所得稅的最大優惠者也是有錢人，赤字加大，政府增加發行公債，如果再配以擴張性的貨幣政策——不斷地控制利率，讓它趨低，則有錢人也得大利）。雷老可以說是巫毒經濟的創教主。

有趣的是，老布希後來接雷根當總統（1989-1992），也認同雷老的政策，雷規布隨，可以說老布希是第二代教主。如今，美國當家的仍然姓布希，小布希更是將巫毒經濟發揚光大，每年的財政赤字擴大到6,000億美元以上，占美國GDP的6%，所得分配惡化的情形嚴重。小布希是第三代巫毒經濟教主。

　　值得注意的是，這幾代教主背後都有一個共同的藏鏡人，那就是前任美國聯準會主席葛林斯班。葛老擔任主席長達二十年（1987-2006），他歷經美國五任總統（福特、雷根、老布希、柯林頓、小布希），不但掌握影響華爾街（乃至世界金融市場）榮枯的大權，也實際左右美國政府的財政政策。葛氏風雲可以從葛氏經濟學（Greenomics）一詞窺知一斑，但是，有人批評他：葛氏經濟學其實是金髮經濟學（Goldilocks Economy）或貪婪經濟學（Greedomics），認為在他主政期間，美國人民「有錢人從未如此發達，而沒錢人從未如此悽慘[1]。」

　　台灣的財政自1990年（當年尚出現歲計盈餘）起，財政開始惡化，如今已是債多不愁；所得分配情況則趨向兩極化，這些現象都屬巫毒財政症候群。

【註釋】

[1] 拉斐‧巴特拉（Ravi Batra），《葛林斯班的騙局》（*Greenspan's Fraud*）。

62 資本主義金鐘罩肥了少數人

　　近二十年來兩岸的經濟發展各具特色。相對於中國號稱走的是「具有中國特色的社會主義」路線，台灣走的則是「具有台灣特色的資本主義」路線。

　　所謂「具有中國特色的社會主義」，其實是裙帶式資本主義——具備市場經濟、強烈的致富企圖心、資本大量集中等因素，甚至可以說，中國實施的是和珅式的資本主義，乾隆的佞臣和珅，是近代中國的豪門巨室，中國政府鼓勵或不反對許多鉅富的興起「讓少數人先富了起來」，富的速度和程度都叫世人瞠目結舌。

　　何謂「具有台灣特色的資本主義」？赫南多・德・索托在他的著作《資本的秘密》（*The Mystery of Capital*）一書裡指出，在早期的西方國家和現代的落後國家（墨西哥、秘魯、海地、非洲等）中，「制度只服務少數有特權的人……資本形成的巨大速度只可能出現在某些社會部門，而沒有出現在整個市場經濟中。」法國歷史學家費爾南・布勞岱爾（Fernand

Braudel）把這種情況看作是鐘罩式資本主義——只有少數人受
到制度的保護（在鐘罩裡），資本主義成了一個私人俱樂部，
只對少數有特權的人開放，其他絕大多數人民，被困在鐘罩
外，為無法進入鐘罩裡，而忿忿不已。

　　以上描述雖然簡要，但那不是近幾年來台灣經濟社會精髓
所在的寫照嗎？

　　政府拚命對企業減免稅捐，從早期的獎勵投資五年免稅，
到促產、園區獎勵條例的種種稅捐減免，乃至於員工分紅配
股，銀行減免營業稅、兩稅合一、投資抵減稅額，以上所舉都
是犖犖大者；另外，政府又對資本家作大量津貼，最鮮明的例
子莫過於行政院金融重建基金（Resolution Trust Corporation,
RTC）用全體納稅人的錢來貼補銀行資本缺口（以往虛假的帳
面盈餘早被分派給資本家了），更不用提政府到處作公共投
資，讓資本家省去固定投資和壓低油、電、水價，降低企業經
營成本。結果是台灣的企業家們，奶嘴成了嗎啡，已經很難勒
戒，但也彰顯了「資本形成的巨大速度，只可能出現在少數人
身上。」

　　另一方面，政府財源不夠時，軟土深掘的結果是，中產階
級一次又一次遭到剝削或威脅。政府推動廢除對軍教的免稅，
考慮恢復課徵證所稅，營業稅稅率將提高
20％至40％，這些增加的負擔加重在原來
已承受著極重稅負的中產階級身上，惡化
了租稅的社會正義，貧富懸殊主要操之於政府那雙看得見的
手，而非人民不勤奮努力。台灣的國民稅賦負擔平均12.5％，

貧富懸殊主要操之於政府那雙看得見的手，而非人民不勤奮努力。

但是，全國前四十名首富中一半以上的稅負率低於1％，而一個年所得百餘萬的家庭，以所繳的所得稅、營業稅、房屋稅、地價稅和使用牌照稅等合計，其稅負率將超過20％，幾乎是平均值的兩倍。

近來，政府一方面要加稅，一方面又要減稅。在廢除軍教免稅的同時，卻要廢除遺產稅，讓富人死後還能揩其他人民的油。在考慮要調高營業稅率的同時，卻對銀行減免營業稅，一方面降低土地增值稅率，一方面卻想要恢復課徵證所稅。以上所減免的，都對富者有利，所加重的，卻對平民老百姓有害。

政府對弱勢團體也無法照顧，就我所知，勞工、農民、漁民、教師等這些團體先後到中正紀念堂集合，頭綁布條抗議。在高雄捷運弊案中，隨著案情逐漸明朗，高雄地區的勞工才發現，原來他（她）們被市政府有意無意地排除，另外引進泰勞搶他（她）們飯碗。

兩岸的經濟發展雖各有路線，政府的功能則頗為相似，都在社會中促成「贏者圈」，而且讓贏者全拿。換句話說，即少數人擁有法律、政府、租稅和金融的完全服務，其餘的絕大多數人則苦苦掙扎。

63 中國像一家無限公司

在資本主義發達的國家裡，「公司」或「企業」這個概念很容易變成一個個王國，老闆走進公司大門，所見到的莫非吾土吾民；而諸如通用等大公司的產值，已可抵匈牙利這個國家的一年所得，鴻海一年的產值，應也超過大部分台灣邦交國的 GDP 吧？

實施資本主義近三十年的中國大陸，也已經成功地將全國改造成無限公司：無限的夢想、希望、成長、擴張……。

企業經營的幾個要素，中國無限公司全部具備，包括生產要素（無限的土地、人民）、資金（無限的外資擁入）、技術（無限的各式各樣的技術隨資金進入）、管理，還有最重要的企圖心（全國一條心，企圖非常明顯：以最快的速度，獲取最大的財富）。公司不只樣樣不缺，而且每樣都是最好的：最多的資金、最好的技術，結合最低的要素成本（土地、人力）。加上台商的管理，中央和地方政府的全力配合，效率、效能無與倫比，還有，緊鄰最大的市場（中國本身）。

中國無限公司開始發展，可以與日本的光學、高階電腦和汽車業、義大利的皮飾業、韓國的造船業、台灣的晶圓代工，以及東南亞的雨衣、雨鞋業等匹敵，不愁敵人愈來愈多。世界各地的門市已有這樣的經驗：一群群黑髮、黃皮膚的龍的傳人，一布袋、一布袋的帶走櫥窗內的產品，沒多久，世界各地就充斥著公司的仿冒品。

> 企業經營的要素，中國無限公司全部具備了，只有一個小缺點，它不講「責任」。

換句話說，結合前述優異的生產要素條件，世界各國的利基產業，其技術水準門檻不高，水準也未遠超過中國無限公司的，那就等著被淘汰。技術水準一時之間還是中國無法追上的產業，也備感威脅。

另一方面，中國也向全世界無限供應中國價格的製成品，「中國價格」是最低價格的代名詞。很多人其實享用過中國許多物不見得最美但價一定最廉的東西，所以，世界對中國無限公司的崛起，到底持何種態度？那就要看他（她）到底是何種身分而定。

如果你是消費者，那恭喜了，中國無限公司所供應的低廉價格物品，可預見的將來大約不會有所改變，繼續享用吧！如果你是生產工人，不管你住在歐洲（法國此刻不是有以百萬計的年青工人正在與政府協商它們的就業法）、亞非或地球上任何一個角落，遲早，中國數以億計的廉價勞工，都會害你失業（你的老闆關掉工廠，西進大陸設廠），或將你的工資下修至他們的水準。

如果你是企業本身，那要看你所站位置而定，你如站在中

國無限公司的對立面，抱歉，那是你可以站的位置嗎？如果你進入它的地盤，融入它的市場，過去的績效讓你樂陶陶，未來也是一片榮景。

中國無限公司只有一個小小缺點：公司名稱裡沒有責任兩字，它不講「責任」。所以，它對所擁入的資源不負責任，所謂「三不」──不主動、不拒絕、不負責。對法律保障權利這個事也不負責，微軟以法律打遍天下，在中國卻無技可施，任人侵權。此外，中國無限對耗用人類愈來愈寶貴的公共財──大自然，也不負責。不負責成了中國無限公司的最大特色。

台灣在每一方面，正承受該公司最沈重的壓迫。

64 恩龍創辦人雷伊一念間，
時代就此改寫

　　美國恩龍企業的創辦人肯尼士・雷伊（Kenneth Lay）最近心臟病發，死在美國北卡州渡假勝地，距離他入監服刑（一百二十五年刑期）僅數個月。

　　恩龍曾經盛極一時——一個能源帝國、美國第七大企業、連續六年被《財星》（*Fortune*）雜誌選為美國最具創意的事業，卻在2001年爆發財務危機和財報醜聞，並旋即崩落。除了公司外部的債權銀行和投資人，也連累了四千多名公司員工，不但失去了工作，而且因為聽信雷伊之言，在2001年7、8月的關鍵時刻，當雷伊自己和高階主管們都在狂拋公司股票時，這些員工卻在高價區承接，結果是血本無歸，畢生積蓄泡湯。

　　員工們告他，他卻裝窮，告訴法庭說他的財產淨值為負（－25萬美元）。不過，人們卻發現，他和太太自2007年2月起可終身享有一項年金計畫，根據該計畫他每月可領5萬多美元，他太太可領3萬多美元。更何況他是在北卡州渡假勝地亞斯平發病死的，可見一直過著優渥生活。

　　雷伊生於1942年，小時候很窮，老爸是個行腳販子，他卻能力爭上游，完成學業，拿到休士頓大學經濟學博士學位，並在聯邦能源署工作一段時間。大約在1980年代初期他就離開公職自己創業，先經營地區性天然氣事業，大力搞併購，1986年終於合併兩家跨州的能源公司，並改名為恩龍。

　　窮小子向上奮鬥時，不顧一切，這個社會因他的奮鬥，卻可能造成兩種結果：受到傷害或沒有受到傷害。雷伊的案例顯然屬於前者。他長袖善舞，休士頓或德州這地方層級的政府固不待言，就連聯邦政府，他也幾乎全打通了，2001年7月以後（即恩龍財務開始吃緊時），他從副總統錢尼以下、財政部長歐尼爾、聯準會主席葛林斯班，全部找過，甚至要求政府紓困。至於小布希本人呢？競選時使用雷伊的私人噴射機全國到處飛，人前人後稱他為肯尼小子（Kenny Boy），出事後，小布希已經改口稱他雷伊先生（Mr. Lay）。

　　雷伊的罪行主要在創立會計原則、操縱會計原則、方法，以及做假帳和（事後）湮滅證據。所有這些犯行的動機很明顯——掩飾事實真相，讓人們相信事情仍然無限美好。事實上，恩龍在投資加州能源失敗後，加上幾個和各國合作的投資也處於不確定狀態，恩龍的財務已陷於左支右絀。此時，他寄望會計能救起恩龍，除了操縱會計原則、方法，後來乾脆做假帳，此事被公司內部的財務主管揭穿。

> 美國證券市場的監理精神，已經由「自律」轉為「自律」、「他律」並重了。

　　嚴格說來，恩龍遊說國會立下了一些所謂「創意會計」的會計準據，這一項應歸諸於雷伊的政商人脈綿密，不能算是罪

行，國會處在資訊不足的情況下，通過了特殊信託帳戶會計處理原則，讓恩龍得以隱藏鉅額的負債。此外，恩龍的主查會計師安達信會計師事務所也幫恩龍設計了所謂「物物交易」，讓恩龍得以虛增營收和盈餘。

恩龍案是美國證券市場的一個里程碑。後恩龍時代，美國證券市場新成立了公開公司會計監理委員會，加重財務報表的編製責任，嚴格查核會計師事務所的財務與業務等，所有措施均顯示：美國證券市場的監理精神，已經由「自律」轉為「自律」、「他律」並重了。

65 堀江貴文，
日本的比爾・蓋茲？

　　堀江貴文（Takafumi Horie）於1972年出生在日本福岡鄉下，父母親都是受薪階級，算是小康家庭。堀江從小就非常聰明，讀書過目不忘，因此，雖然青少年時期很貪玩，不被眾人不看好，他卻跌破大家眼鏡，考上東京大學文學部宗教系。堀江顯然志不在宗教，他在1996年在學期間，向女友的父親借了600萬日幣，成立了一家叫On the Edge的公司，不久便輟學專心經營公司，他的理由是：進入東大，目的已達；比爾蓋茲也是從哈佛輟學，創立微軟公司。

　　堀江熟讀華爾街財務金融及資本運作知識，打從一開始就想在日本證券發行（初級）市場上呼風喚雨，後來與村上世彰（下一章介紹）及樂天公司（Rakuten）的三木谷浩史，並稱「併購三劍客」。

　　2000年4月，堀江二十七歲，On the Edge公司在東京證券業協會成立的新興企業市場（Mothers），相當於台灣的興櫃市場，掛牌上市，堀江出任公司總裁。2002年承接免費網路撥接

供應商活力門（Live Door）的業務，2004年On the Edge改名為「活力門」。

堀江暴起，一方面成為「IT時代寵兒」，活力門在幾年內資產總額迅速暴增到幾千億元、股票動輒以超乎想像的比例來分割，堀江誓言要終結電視和報紙。總之，他想建立一個結合網路、IT、電視，具有強大威力的媒體帝國。

2005年，堀江看上富士電視，富士電視的母公司是日本放送（NBS），老闆是六十八歲的日枝九。轟動日本的電視連續劇《白色巨塔》，這回搬到現實社會來演出。攻方活力門運用的戰術主要有兩種：(1)惡意購併，及融資購併（Leverage Buyout, LBO），由美資投資銀行「李曼兄弟」配合演出，活力門發行800億可轉換公司債（Convertible Bond, CB），「李曼兄弟」供應資金；(2)場外交易（相當於台灣的鉅額買賣交易制度），讓活力門可迅速累積大量持股。守方日本放送和富士電視，主要的防衛戰術是交叉持股、政商關係，以及見招拆招。

首先，活力門發動突擊，在2005年2月以後，很短期間內，買入日本放送（母公司），持股40.5%，活力門想藉控制日本放送董事會，來實現控制富士電視的目標。

接著，日本放送宣布增資（讓原資本擴大約三倍），並指定子公司富士電視認購，排除活力門，也使後者的持股比例被稀釋至約16%。

活力門當然不服，進行訴訟，法院判決活力門勝訴，即日本放送的增資案不成立。日枝九再次出招，宣布引進白衣騎士軟體銀行（Soft Bank），老闆孫正義的業務恰好是活力門的主

要敵手。將日本放送手中持有的富士電視股無償借給軟體銀行五年，讓活力門只能掌握日本放送，而無法控制富士電視。

日本政府為本案修改了「電波法」，提高外資藉持股控制媒體的門檻。另一方面，活力門與富士電視後來達成了妥協，包括：(1)富士買回活力門所持日本放送股份；(2)富士另買12.5%的活力門股份；(3)雙方共同發展網路業務，雙方仍遵循「以和為貴」的最高原則。

社會輿論勸堀江記住一則伊索寓言：橡樹與蘆葦，即中國老子說過的：「兵強則滅，木強則折。」

至於堀江本人的態度？他認為：問題都出在上了年紀的經理人。

66 村上世彰，
揮舞股東權益大旗的豺狼

　　村上世彰（Yoshiaki Murakami）是台灣裔第二代，1959年出生於大阪的一個富裕家庭。自東京大學法學部畢業後，在日本通產省（經濟部）當了十七年公務員，升上處長，曾參與企業併購法案的修正，是日本政府計畫栽培的精英。但他卻選在1999年離開公職，自己創辦M&A諮詢公司（MCA），並成立村上基金，一開始即募集約40億日圓。

　　日本的企業界、金融界一向由經團連的大老們操控，奉行日式的「利害關係人資本主義」，強調終身雇用、長幼有序、上下和諧，在財務金融工程方面，則極保守，不講創新。直到二十世紀末，日本的資本市場已經低迷了十來年，市場裡隱約存在著一股躁動。

　　此時，村上四十不惑。他本來就很聰明，九歲時父親給他100萬日圓，他拿來作股票投資，這筆錢到他念大學時，已經增值1億日圓。不惑之年的村上看出了日本市場的世代交替已經來到，於是進入市場興風作浪。

　　當時企業大老闆們和他的經營團隊，並沒有把股東看在眼裡，股東大會只是行禮如儀，發放股利也極吝嗇，而日本股民是最柔順的一群羔羊。

　　村上揮舞股東權益的大旗，挑戰老式企業主，例如，2002年在Tokyo Style股東大會上，要求公司引進獨立董事、買回庫藏股，並提高每股股利由0.16美元到3.9美元，都得到廣大的迴響。因此，村上基金從1999年約40億日圓，一路成長到2006年的超過4,000億日圓，連日本央行總裁福井也因持有1,000萬日圓的村上基金，而差點下台。此外，村上基金的購買者還包括大企業，例如，租賃業的Orix、燈管製造的Ushio，及日本石油探勘等，最重要的是，股民看村上基金買什麼股，就跟著買，村上被拜為民間股神，這讓村上基金容易有較高的報酬率（15%-20%），而進一步颳起旋風。

　　另一方面，村上引入華爾街的資金操作技巧，包括併購、融資併購等，並在市場上精挑資產、淨值被低估，老闆悠哉遊哉（在豺狼眼裡，這簡直是隻羚羊）的企業，村上扮演企業突襲者（corporate raider），村上主義就是：「以低價買進優良股後，逼老闆為經營不善負責。」幾年以來，幾個重大收購戰役包括2000年的昭榮公司（Shoei）、2002的Tokyo Style、2005年的大阪證交所（在太歲爺上動土），及阪神電鐵（含阪神職棒老虎隊）。

　　村上並未準備經營這些併購案，他懂得與對手妥協，以求重大獲利，並能全身而退。儘管如此，到處放火的結果，也惹毛經團連的大老們，而另一邊是股東覺醒，進而形成了世代對

決的局面。

村上踢到鐵板的一役，發生在2005年底至2006年初活力門對決日本放送，搶奪它的子公司富士電視，村上基金扮演插花的角色，利用雙方惡鬥獲取利益，也因此觸犯日本證交法的內線交易。事實上，罰則不重，刑期最高三年，外加300萬日圓罰金，村上爽快認罪。

村上案對日本市場監理制度的衝擊，包括：(1)修正基金持股資訊揭露門檻從10%、三個月內，縮小為5%、二週內；(2)內線交易罰則從三年最高刑期外加300萬罰金，提高為五年最高刑期外加500萬罰金；(3)操縱行為罪刑從五年刑期加500萬日圓罰金，提高為十年最高刑期加1,000萬日圓罰金。

社會主流輿論的評語是：「在創造市場新規則的同時，為日本社會染上過於精明的利益色彩。」至於村上本人的態度？「這一次，我領了一張紅牌（足球場上），我將離場並進行反省，我希望有一天，日本可以接受挑戰現狀的人。」

他並問大家：「賺錢有錯嗎？」

67 堀江、村上 vs. 證券市場生態

堀江貴文生於1972年，村上世彰生於1959年，兩人先後讀東京大學（堀江沒畢業），一流大學出來的學生，對社會的衝擊也最大，台灣的情況也相同。

兩人在證券市場興風作浪的手法並不一樣，堀江設立活力門公司，直接申請掛牌上市，資金的主要來源在初級（發行）市場。活力門公司本身不斷募集發行資金，股票也不斷進行分割，股本在短短幾年內膨脹到天文數字（600萬至幾千億日圓）。

村上則一方面成立M&A諮詢公司，另一方面創立基金，走投信路線，在交易市場上賣共同基金籌資，股本也在短短數年內暴增，由40億增至4,000億日圓以上。

兩者共同之處太多了：均在二十世紀末冒出、在2006年出事、故意衝撞日本老式企業倫理，不服長者所安排的市場，想改變現狀。也均在股民及證券市場上颳起陣陣超級颱風。

兩人均引進華爾街資本運作技術，堀江更引進美資（活力

併購本身既是手段，也是目的，能因此獲得重大利益並全身而退，才是終極目標和戰略最高原則。

門收購日本放送一役，由李曼兄弟銀行供應800億日圓），正常的併購必與大老們協調再協調，他們無法忍受，他們大都採突擊方式，瞬間大量購股，進行非合意的購併，標的物如Tokyo Style，阪神、阪急，經典一役的對象則是日本放送加上富士電視，兩人均參與，也因此引來司法調查。

若仔細檢討村上和堀江所發動的各次突擊事件，則發現沒有一家公司因此而「落入他們手中」。換言之，他們可能沒有經營企業的意願和能力，併購本身既是手段，也是目的，能夠因此獲得重大利益並能全身而退，才是終極目標和戰略最高原則。

這和他們所揭櫫的：挑戰現狀，喚醒股東意識、淘汰不適任的經營者，創造並維護股東價值、利益等，好像是兩回事，所以，被他們批判的企業長老，一針見血的回應以：「過於精明的利益算計。」

若將證券市場看成一片非洲大草原，則草原上有兩類動物：羚羊、斑馬、水牛、大象等是草食動物；胡狼、豺狼、豹、獅、禿鷹等是肉食動物，也是掠食者。村上和堀江顯然是掠食者，而非牧羊人。

草原上的草食動物常常有弱小的、分娩中的、殘障的和漫不經心的（尤其是些發情的雄性）。證券市場上也常存在著模糊的、灰色的、鬆懈的，無人管的角落，由於法規本身、監理機構間的協調性，或監理者本身的方向感和力道等條件，常常

替掠食者帶來機會。這時,獵豹撲殺一隻小羚羊或許可能產生淒美的畫面,獅群撲殺一隻大象則動天地、泣鬼神。

村上和堀江兩人都提倡:盡快、盡可能的發大財。還記得村上的大哉一問:「賺錢有錯嗎?」這一問必然引起年輕世代的全面迴響,「彼可取而代之也」這是兩千年前年輕項羽看到秦始皇出巡壯盛軍容的回應。這也是日本證券市場監理接下來必須面對的挑戰,雖然兩人已繩之於法,相關法規及證交法也已修改。活力門事件顯然只是開端而已。

台灣的證券市場和日本有太多相像之處,這種世代交替的挑戰與回應的大浪,遲早要撲向台灣而來。

68 | 不誠實的社會成本
——政治篇

　　在SOGO禮券案中，第一家庭醫師黃芳彥曾回答記者以：「這個社會還有比誠實更高的道德。」黃醫師和當前的政客、名嘴一樣，競相在唇舌上拱高所謂的道德水準，在黃醫師口中，誠實成了次高的道德，在其上還有一項更崇高的價值觀在，什麼比誠實更重要？

　　談到誠實，這是個人人格和社會運作的最基本素質，也是世界上五大宗教——儒、佛、道、回、基督教義中最基本的成分，只要抽離誠實這要素，五大教的教義都要重新改寫。

　　誠實不是崇高的道德，相反地，它相當卑下，老子《道德經》第八章稱讚水有七善：「上善若水，……處眾人之所惡。……居善地，心善淵，與善仁，言善信，政善治，事善能，動善時。夫唯不爭，故無尤。」在最卑下的地方，眾人厭惡之處，水在那裡，而水的性格中，起碼有二項涉及誠實：言善信，動善時。

　　從人本的立場，做人的義理應該是：做人誠實是最基本的

道德，連最基本的都做不到，還有資格談 **不誠實是人性的墮落、沈淪，也最具示範效果和傳染效果。**其他嗎？從社會整體的立場，人際之間互動，誠實是最好的黏著劑，人類文明發展累積數千年的經驗，也得到「民無信不立」的教訓，孔子為國家選取最優先項目時，在國家武力（足兵）、經濟（足食）和（人民）誠實之間不是選取了誠實嗎？

　　總統府處多事之秋，舉幾件犖犖大者：SOGO禮券案、夫人珠寶申報案、國務機要費發票案等，哪一件不是涉及誠實的問題，或者說，總統夫婦在哪一件中是誠實、清白的？這是很令人沮喪的事，領導人帶頭，六年多來總統府內形成了何種文化和環境？將軍和會計室小職員一起炒股、副秘書長涉弊案入囚、駙馬滿抽屜名錶、到處打電話等事件。自日據時代總督府以來百餘年，那間房子換過幾代住客，目前這團可能是道德水準最低落的。人民或許不滿兩蔣父子肅殺、陰狠，卻無從怪他們貪腐、荒亂。

　　不誠實是人性的墮落、沈淪，也最具示範效果和傳染效果。總統不誠實，總統府內許多人跟著不誠實，總統府不誠實，五院怎麼辦，五院下各部會怎麼辦？中央政府如此，各縣市鄉鎮地方政府又怎麼辦？總統公然、明顯地在人民面前不把誠實當一回事，可以想像中央、地方政府裡沒有一個房間有誠實的空氣可以呼吸時，台灣的情況又是何種景象？

　　不誠實的社會成本極高，來自兩方面：為防制它而加重的管治成本，以及不防制它所爆發的貪腐成本。

　　機關內、單位內的治理、管理哲學，若建立在人皆不誠實

的基礎上，它的管治成本（外顯加內含，有形帶無形）將極其沈重。為防弊，勢必考慮成員說謊可能衍生出來的弊端，而加以防堵，結果是層層束縛，所有人都被綁手綁腳，人人遵循為證明自己清白的程序都來不及，遑論發揮裁量判定的空間，創意、創造力的空間。機關內則死氣沉沉，寂無人聲。下任總統府團隊可能要面對如何加強府內規範，光這點，又會耗去多少精力，剝奪多少生產力？

放縱人性的不誠實，不去治理、管理，結果會如何？答案是：百萬人圍城、國慶日上演小丑胡鬧劇等，這種成本巨大到超乎我們想像和所能承擔的範圍。至於各級政府的重大弊案，例如，拉法葉艦弊案的佣金還有幾百億被凍結在國外的銀行等，它們行惡的最基本起點，不都是從欺瞞、詐騙開始？

黃醫師：「到底什麼比誠實更重要？」

69 刑不上總統？

　　總統在帛琉承認：確有挪用私人發票來報銷國務機要費的行為，並說，那是為拚外交，並沒有一毛錢流入私人口袋。

　　挪用私人發票（例如，李小姐所提供的君悅飯店發票），來報銷國務機要費（這項經費的性質，恐怕也不是如字義那樣的機密和重要），不遵循合法的會計程序，已經構成違法和犯罪。那通常是機關裡小職員幹的事情，怎會勞動到總統夫婦親力親為？對於他倆用這方式報帳，府內會計室能說不嗎？進一步言，過去六年間，如果總統或他旁邊的人，曾指示過會計室：「這可以讓他報銷，那可以讓他報銷。」則府裡的會計、出納機能就形同虛設，府中、宮中俱為一體，公私不分的結果，總統府的財報與博達、訊碟又有何異？

　　總統說這一切為拚外交，這「拚」字真反諷，拚經濟，經濟倒；拚外交，外交倒，正應了一句台灣俚語：「倚山山崩，倚壁壁倒，倚豬稠，死了豬母。」再說，拚外交不必然非違法不可，總統府的經費支出，有內部憑證和外部憑證可資作帳。

公私不分的結果，總統府的財報與博達、訊碟又有何異？

內部憑證有領據、經手人證明等，外部憑證可以取得發票、小規模事業的收據、非營利事業團體的收據和領據、經手人證明等，以上這一切合法的內、外憑證來源，就是民間企業也都運用自如，沒有窒礙。偶有發生取不當發票虛假列帳情事，那就涉及老闆侵占掏空公司，或作假帳的財報醜聞。

拚外交，外交部列有外交經費，怎會以總統府經費報支？如果是貴賓來訪，買禮物送對方，也有店家開立的發票。難道是塞紅包？（這是上述內外憑證網中，唯一的缺口），即便是，也可從現金支領、流動的日期、流程得到印證。而所謂「中國情蒐」、「南線專案」等，也會有專案負責人備齊憑證支領，並簽發領據（即使使用假名）。

沒有一毛錢被挪為私用？司法單位會查明每一筆（發票）有問題經費的資金流程：領取人是誰？領取的方式是現金、支票、匯款？經辦人是誰？當每筆經費的現金流程的拼圖完整呈現，若流向「中國情蒐」、「南線專案」負責人，那總統所說屬實；若牽涉到陳、趙兩家又是如何？

以舉證責任的分擔原則而言，本案在釐清事實真相的過程中，高檢署查黑中心握有的事證包括：不當的發票、在總統府帳冊上用來報銷經費的情形、領取這些公經費的簽收人等。面對這些表面優勢的證據，總統若選擇說明清楚，那就必須提出強而有力的證明，否則，空口無憑，而全國百姓看這番曲折，已經無法輕易相信總統的清白。

報載，查黑中心對本案準備採用的罪行是「偽造文書」和

「貪瀆」。這對總統而言，犯罪和受到刑事的訴究是兩回事，憲法第52條可讓刑不上總統，總統可能因此而有恃無恐，大方承認犯行。不過，他可能要面對這種承認的政治後果：在西方國家，這必然導致自動下台。在東亞國家，這也會引來人民的憤怒，然後下台。在非洲，人民上街，手上拿著傢伙，領導人則抱頭鼠竄。

　　總統顯然選擇了以上皆非，台灣的情況能以上皆非嗎？台灣初履兩黨輪替的民主政治，就遭逢觸法且涉及貪瀆的總統夫婦，不需負責下台，人民如何約束往後各任總統？總統不受人民約束，台灣的民主政治能永續地健全發展嗎？我們能有自信、尊嚴地面對世人嗎？我們的子孫會有光明的未來嗎？

70 水清無魚

　　老甘迺迪（Joseph P. Kennedy, Sr.）育有九位子女，最有名的三人是約翰、羅伯和愛德華，都當過美國國會參議員，前兩位不幸在1960年代遭人暗殺，在「驚爆十三日」（Thirteen Days）這部電影中，他們都是主角人物，約翰還曾任美國總統，是1960年代世界風雲人物，紐約的甘迺迪機場即以他為名。

　　甘迺迪家族是美國政界三大家族之一，其他兩家分別是亞當家族（Adams Family）、塔夫特家族（Taft Family），布希家族呢？好像還排不上。

　　老甘迺迪家族在美開世祖，係於1840年代移民進入美國，至老甘迺迪一代尚未發跡，甘迺迪家族的財富可說是老甘迺迪一手掙來，他如何賺得龐大財富？答案是富貴險中求。主要發跡事業有三項：在美國禁酒期間（1930年代以前）走私進口酒類；投資好萊塢（Holly wood）電影事業；做股票。本文只說明他如何經營股票。

　　1919年，老甘迺迪三十一歲時進入華爾街，在海頓・史東股票經紀公司（Hayden, Stone & Co.）工作，1923年他自己創立一家投資公司，剛好迎接華爾街百年難逢的股市大多頭盛宴。

　　著名的1929年華爾街股市大崩盤其實在1928年已來到雲端，此時，年輕的老甘迺迪出清了所有持股，並在1929年大崩盤時放空（short sale），他留下了一句名言：「唉呀，連擦鞋小童都在報股票明牌時，不跑行嗎？」（You know it is time to sell when the shoe-shine boy tries to give you stock tips）。

　　老甘迺迪除了上述那種特異靈感（對很多股民來說，有它也就夠了，不是嗎？），在股海中翻騰自有他的許多本事，包括「內線交易」和「操縱股價炒作」。「內線交易」的故事幾乎天天發生，茲不贅文。稍談一下老甘迺迪的操縱，在炒作一支股票前，當他部署完備後，他會找來媒體記者，給他們一些股票和若干或真或假的訊息，沒多久，報紙上就充斥著那支股票的利多報導，股價應聲而上。關於老甘迺迪縱橫股市的故事罄竹難書，羅納・凱斯勒（Ronald Kessler）寫了一本書《這位老大的罪行》（*The Sins of the Father: Joseph P. Kennedy and the Dynasty He Founded*）詳述其劣行。

　　那是個股市狂飆的年代，也是英雄不怕出身低的年代，一直到1933年美國才有證券法，1934年才有證券交易法和證管會。整個1920年代華爾街的狂亂，可以在大衛・甘迺迪（David Kennedy，另一個甘迺迪，但非甘家成員）的著作《免於恐懼的自由》（*Freedom From Fear*）中可見一斑：「許多公

司不公告財務報告或年報，即使公告，訊息也是人為的且亂七八糟，會計師查帳有比沒有還要命……，但這種環境剛好能培養出像摩根大通銀行這類的投資銀行，它們獨占投資股票所必須了解的財務訊息；在次級市場裡，投資人更不可能獲得可靠的訊息，機會只留給內線交易者和肆無忌憚的炒作者」。

老甘迺迪賺到財富後有志於政界發展，在1932年贊助支持羅斯福（Franklin D. Roosevelt）選總統。羅斯福當選後，老甘本來期待有個部長的職位，但羅斯福卻只任命他擔任新成立的證管會第一任主委，而且還飽受各界批評，逼急了，羅斯福甚至說出：「就當我用一個賊在抓小偷好了。」好一個「以毒攻毒」。

老甘上任後大力整頓股市，馬上贏得讚譽（和驚嘆），投資人終於了解證管會是保護他們利益的機關，也是他首創上市公司定期申報財務報告制度的規定。此外，市場炒作和內線交易之風，也一時偃息。慣竊當上刑警隊長後，眾小偷就無法再混下去了，不對嗎？

老甘迺迪任期不長（不到一年即不再屈就），但美國股市在老甘立了威後，很快便步上了正軌。

創新觀點03

財報水滸傳：談財報詐騙、公司治理與金融泡沫

2007年7月初版　　　　　　　　　　　　　　定價：新臺幣280元
2008年2月初版第三刷
有著作權·翻印必究
Printed in Taiwan.

著　　者	陳　伯　松
發 行 人	林　載　爵

出 版 者	聯 經 出 版 事 業 股 份 有 限 公 司	叢 書 主 編	張　奕　芬
台 北 市 忠 孝 東 路 四 段 5 5 5 號		特 約 編 輯	林　怡　君
發　行　所:台北縣新店市寶橋路235巷6弄5號7F		封 面 設 計	兆 登 華 生
電話：(0 2) 2 9 1 3 3 6 5 6		內 文 排 版	李　秀　菊

台北忠孝門市:台北市忠孝東路四段561號1F
　　　　電話：(0 2) 2 7 6 8 3 7 0 8
台北新生門市:台北市新生南路三段94號
　　　　電話：(0 2) 2 3 6 2 0 3 0 8
台 中 門 市:台 中 市 健 行 路 3 2 1 號
　　　電話：(0 4) 2 2 3 7 1 2 3 4 　e x t . 5
高 雄 門 市:高 雄 市 成 功 一 路 3 6 3 號
　　　電話：(0 7) 2 2 1 1 2 3 4 　e x t . 5
郵 政 劃 撥 帳 戶 第 0 1 0 0 5 5 9 - 3 號
郵　撥　電　話：2 7 6 8 3 7 0 8
印 刷 者　世 和 印 製 企 業 有 限 公 司

行政院新聞局出版事業登記證局版臺業字第0130號

國家圖書館出版品預行編目資料

財報水滸傳：談財報詐騙、公司治理與
金融泡沫/陳伯松著 . 初版 . 臺北市：聯經 .
2007 年（民 96），288 面；14.8×21 公分 .
（創新觀點：03）
ISBN 978-957-08-3168-9（精裝）
〔2008年2月初版第三刷〕
1.財務會計 2.財務報表 3.審訂

495.4 96011921